制冷和空调设备运行与维护专业现代学徒制人才培养标准

易祖全　左晓霞　著

北京理工大学出版社
BEIJING INSTITUTE OF TECHNOLOGY PRESS

内 容 简 介

从2015年8月成为重庆市唯一成功跻身全国首批现代学徒制试点单位的中职学校以来，重庆工商学校以制冷和空调设备运行与维护专业探索实践现代学徒制人才培养，对接钎焊技术、钣金喷涂、设备维护等岗位，与国内知名制冷企业共建全真式、虚拟仿真实训基地，创新实施了“标准建构、异地协同、双栖双培”的人才培养探索与实践，取得了显著的育人成效，为中职学校现代学徒制人才培养提供了可复制可推广的典型范例。本书就是对重庆工商学校制冷和空调设备运行与维护专业现代学徒制人才培养实践的总结，希望能为兄弟学校的实践提供借鉴。

本书可供参加职业院校现代学徒制试点工作的有关人员参考使用。

图书在版编目（CIP）数据

制冷和空调设备运行与维护专业现代学徒制人才培养标准 / 易祖全, 左晓霞著. -- 北京 : 北京理工大学出版社, 2022.4

ISBN 978-7-5763-1248-5

Ⅰ. ①制… Ⅱ. ①易… ②左… Ⅲ. ①制冷装置－运行－人才培养－中等专业学校②空气调节设备－运行－人才培养－中等专业学校③制冷装置－维修－人才培养－中等专业学校④空气调节设备－维修－人才培养－中等专业学校 Ⅳ. ①TB657②TU831

中国版本图书馆 CIP 数据核字(2022)第 061220 号

出版发行 / 北京理工大学出版社有限责任公司
社　　址 / 北京市海淀区中关村南大街 5 号
邮　　编 / 100081
电　　话 /（010）68914775（总编室）
（010）82562903（教材售后服务热线）
（010）68944723（其他图书服务热线）
网　　址 / http://www.bitpress.com.cn
经　　销 / 全国各地新华书店
印　　刷 / 保定市中画美凯印刷有限公司
开　　本 / 787 毫米×1092 毫米　1/16
印　　张 / 13.25
字　　数 / 258 千字
版　　次 / 2022 年 4 月第 1 版　2022 年 4 月第 1 次印刷
定　　价 / 89.00 元

责任编辑 / 徐艳君
文案编辑 / 徐艳君
责任校对 / 周瑞红
责任印制 / 施胜娟

前　言

现代学徒制是传统学徒制与学校教育制度的结合体，它吸收了传统学徒制“边看、边干、边学”的现场学习优势和学校教育制度“系统、高效”的人才培养优势，有效解决了理论与实践分离、学习与就业脱节的问题，既节约了教育培训成本，又提升了劳动力技能素质。实践现代学徒制的核心在于如何实现企业和学校的深度融合，实践现代学徒制的关键在于有效地整合学校教育和工作现场教育，通过双主体育人，实现人才培养质量的提升。总之，现代学徒制是对传统学徒制的扬弃，是对传统学徒制“质量”优势与学校教育制度“效率”优势的整合。

2014年2月26日召开的国务院常务会议，确定了加快发展现代职业教育的任务措施，提出了“开展校企联合招生、联合培养的现代学徒制试点”。《国务院关于加快发展现代职业教育的决定》对“开展校企联合招生、联合培养的现代学徒制试点，完善支持政策，推进校企一体化育人”提出了具体要求，标志着现代学徒制已经成为国家人力资源开发的重要举措。2014年8月，教育部印发《关于开展现代学徒制试点工作的意见》（教职成〔2014〕9号），正式拉开了全面试点现代学徒制的序幕，各地纷纷以国际项目为依托、以校企合作为切入、以院校改革为主导等，开展现代学徒制探索。

2015年8月，重庆工商学校成为教育部确定的全国27所、重庆市唯一的国家首批现代学徒制试点中职学校。自接受任务以来，学校以制冷和空调设备运行与维护专业探索实践现代学徒制人才培养模式，与大金空调（上海）有限公司等多家企业对接钎焊技术、钣金喷涂、设备维护等岗位，共建空调生产、调试、运行、维护的全真式、虚拟仿真实训基地，构建双主体协同育人机制和现代学徒制管理制度；研制了人才培养方案以及20门课程标准和三级岗位标准；实现了招生招工的一体化；打造了一支高水平的双导师团队；探索创新了“12133工学结合”培养模式、“五真五动”企业教学模式以及“三师五岗”育人模式，取得了丰硕的成果。本书就是重庆工商学校实施现代学徒制人才培养经验及相关文件的汇总。

本书分为理论篇和实践篇，理论篇是对现代学徒制的内涵、理论基础、实施流程、人才培养与考核、导师团队与学生管理、配套教学资源开发等的综合阐述，理论清晰、明确，能有效指导实践；实践篇是对重庆工商学校制冷和空调设备运行与维护专业现代学徒制人才培养试点的人才培养标准和方案的汇总，是学校师生智慧与汗水的结晶，十分宝贵。

现代学徒制试点不仅仅是简单的教育问题，更是具有较大社会价值的现实问题。现代学徒制的深入推广可以进一步推动职业教育的发展，加强技术技能型人才的培养，推动劳动力结构的优化，为我国经济社会发展奠定坚实的人力资源基础。希望本书能够更好地服务学生、服务教师、服务企业，进而服务我国经济和社会发展。

目　录

理　论　篇

实　践　篇

理　论　篇

第一章 现代学徒制概述

学徒制是一种在实际生产过程中以言传身教为主要形式的技能传授方式。从本质上讲，现代学徒制和传统学徒制是一致的，都有师傅、徒弟以及师傅对徒弟的培训和指导，都强调“做中教、做中学”，但是现代学徒制形成的基础、意义和价值与传统学徒制有很大的不同，现代学徒制的主体、形式、制度以及师生关系均发生了变化。

第一节　学徒制与现代学徒制

学徒制是一种古老的技术训练形式，开始是一种私人习惯，一般是父子相传或者师徒相授。在中世纪，行会使学徒制成为一种有章可循的社会行为。20 世纪六七十年代，学徒制发展为现代学徒制。经过不断发展和变革，学徒制焕发出强大的生命力，为职业教育的发展做出了重大贡献。

一、学徒制的内涵

（一）学徒制的含义

现代学徒制与“学徒”的概念紧密相连。

学徒是指以学习某一特定技能与工作为目的的、在某一固定的时期内为雇主工作的人。学徒一方面是指受契约或法律合约限制，为某人服务一定的时间，同时在师傅的管理下按当时或以前的教学方式学习某项技艺的人；另一方面是指在高技能员工的指导下，通过实际经验学习某项技艺的人，通常有预定的时间期限，并获得预定的工资。学徒通常有狭义与广义之分，狭义的学徒必须有正式的契约关系，而广义的学徒重视学习发生的事实，无论是签订了正式契约还是达成了口头协议。

学徒制是指学习一项技艺的制度，学员被约定，并为其学习付出一定时间的劳动。

（二）国外的学徒制

1．产生背景

学徒制是古老的职业教育形式，在中世纪欧洲的行会教育出现以后，由一种私人习惯变成一种社会行为。在工业革命之前，学徒制一度成为职业教育的主要形式。11 世纪末，欧洲手工业和商业得到迅猛发展，城市逐渐变成手工业和商业的中心（图 1-1），为了保护自身的利益，工商业者成立了工商业者行会，以保护工商业者的利益。各个行会为了使自己的行业兴旺，技术可以传承下去，开始广收学徒，进行行会教育，其中主要形式就是学徒制。

图 1-1　中世纪城市的发展为学徒制的发展创造了条件

2．学徒制的培养方式

学徒制是行会教育的一个重要组成部分。行会由师傅、工匠和徒弟组成。想从事某一行业的人必须加入某一行会，接受学徒训练。

学徒制教育有着严格的程序和要求，师徒间的合同以及对职业教育的要求由行会来制定。师傅和徒弟先要签订合同，内容大致为：师傅传授徒弟技艺，徒弟对师傅负有一定的义务。师傅对徒弟传授技艺的过程，就是进行职业教育的过程（图 1-2）。在学徒期满后，徒弟可以成为帮工，由师傅颁发证书。如果徒弟不愿意在师傅那里当帮工，还可以四处游历，增长见识，增进技艺，在游历结束后，拿出自己最满意的作品，称为“杰作”。如果杰作得到师傅的认可，徒弟就有机会升为师傅。学徒开始和学徒期满时，都要举行一定的仪式，以表示徒弟对师傅和技艺的尊重。虽然有些师傅为了防止绝活外漏，不愿意把精湛的技艺教授给徒弟，仅仅把徒弟当作廉价劳动力，但是在当时的情况下，学徒制还是为欧洲工商业培养了大批技术人才，其影响力一直延续到 19 世纪职业技术学校产生之后。

图 1-2　在师傅指导下烤制面包的学徒

3．传统学徒制对西欧职业教育的影响

从文化传承的角度来说，西欧现代职业教育是由学徒制一步一步转变来的。学徒制在西欧职业教育发展进程中起到了巨大的作用。德国的职业教育一直都是世界各国学习的榜样，其双元制职业教育体制更是受到其他国家教育界人士的称赞。德国的职业教育能够取得如此大的成就，除了政治、经济等各方面的原因，其素来重视职业技术教育的文化传统也是一个重要原因。学徒制的实践与发展使师傅在德国享有很高的社会地位，深受人们的尊重。由于徒弟通过学习也可以成为师傅，因此其职业训练是一种主动求知的过程，而不是被动学习的过程。德国形成了重视职业训练的优良传统，无论是学徒制还是现代职业教育都得到了民众的支持和认可。

（三）中国的传统学徒制

在中国，学徒制历史悠久，它兴起于奴隶社会，发展并完善于封建社会的隋唐时期。隋唐时，从中央政府到地方政府机构中的官营手工业作坊均采用学徒制的教育形式。诸子百家中的墨翟、木工的鼻祖鲁班和传授纺织技艺的黄道婆都是很有名的师傅。

中华人民共和国成立以来，生产现场的学徒制是培训新技工的主要方式，也是新技术工人的主要来源。据冶金、铁道、交通、建工、水电、煤炭、石油、化工、地质、纺织、轻工等 12 个主要产业部门和劳动部门的统计，1949—1959 年，通过企业学徒培训和技工学校培训两种方式，已经培养出的和正在培养的技术工人有 844 万人。学徒制是当时主要的技工人才培养方式。

经济体制改革，以及社会化职业资格证书制度的建立，改变了以往以企业为主体、以学徒制方式培养学员并进行技能鉴定的运作基础，在此过程中，职业院校逐渐从附属的产业部门与企业中独立出来，成为替代企业的技能型人才培养的主要途径。

目前，中国职业教育以企业为主体，以学徒制为主要培养方式的传统逐渐丧失，而改由学校承担起了职业教育的主要责任与义务。事实上，学校与企业是两种完全不同的主体，在运行机制与追求的目标上迥然不同，这种不同造成了企业与学校完全不同的人才培养方式，最终表现在人才培养的质量上，从而造成了目前一种不正常的现象：取得职业资格等级证书的学校毕业生在企业不会干活。这也引起了很多企业对学校学历与职业资格等级证书含金量的质疑。其实，这反映的是单纯的职业学校教育固有的弊病。

二、现代学徒制的内涵

虽然学徒制在包括我国在内的许多国家一度是培训职业技术人才的主要制度，但是随着科学技术的发展、职业技术学校的普及，学徒的人数逐年减少，学徒制逐渐被职业学校取代，有近四个世纪传统的英国学徒制培训也在逐渐衰落，学徒制的改革势在必行。现代学徒制就是传统学徒制为了适应新的时代要求进行的自我改革和发展，它既吸收了传统学徒制重视职业训练的优点，又和学校教育有机结合起来。

（一）现代学徒制的含义

现代学徒制是与传统学徒制相对应的一个概念，它是一种将传统的学徒培训与现代学校教育思想相结合的企业与学校合作的职业教育制度，是一种新型的职业人才培养实现形式。实现现代学徒制的前提是校企合作，核心是工学结合，主要特征是校企联合双元育人和学生双重身份（学校的学生、企业的学徒）。也就是说，现代学徒制在主体关系、教学规模、教学组织、教师队伍、教学方法以及教学评价等维度表现出对传统学徒制和学校职业教育制度的扬弃。

所谓现代学徒制，是通过学校、企业深度合作，教师、师傅联合传授，对学生以技能培养为主的现代人才培养模式。与普通大专班和以往的订单班、冠名班的人才培养模式不同，现代学徒制更加注重技能的传承，由校企共同主导人才培养，设立规范化的企业课程标准、考核方案等，体现了校企合作的深度融合。

（二）现代学徒制的相关概念

现代学徒制涉及一些独特的概念，包括学徒、师傅、师徒带教等。

（1）学徒。现代学徒制的学生被称为学徒。当然，在教学与学生管理工作中，“学生”这一称谓依然可以使用。

（2）师傅。师傅是指由校企双方确认，并经过正式聘任程序，以指导学徒提升岗位能力为主要工作内容的企方人员。处理现代学徒制日常事务或为学徒提供生活帮助的企方人员一般不被称为师傅。

（3）师徒带教。师徒带教（帮教、帮带）是一种以师傅带徒弟的形式进行技艺传承的技能人才培养机制。

（4）招募。学徒招募，也被称为招生招工一体化，是指现代学徒制招生的管理行为。招募学徒可以由学校完成，也可以由企业或第三方机构完成，但依据现行教育规定，与政府招生管理部门直接对接的单位只能是学校。申请成为学徒的考生除了满足企业的用人需求，还必须符合当地职业学校招生政策的相关规定。

（5）双份合同或三方协议。为明确各方权益及学徒在岗培养的具体岗位、教学内容、权益保障等，学生、企业、学校之间需要签订合同或三方协议。在具体操作上，常见的方式是学徒、企业、学校之间签署三方协议。如果学生未满 18 周岁，需签署学徒、学徒法定监护人、企业、学校四方协议。另外一种选择是签署双份合同，即学校与企业签署开展现代学徒制的合同，学生与企业签署用工合同。

（6）工学交替。学徒既要在岗位上完成基于工作任务的学习，又要参加学校的学习项目，其学习过程存在在岗训练与在校学习的交替现象，被称为工学交替，或学训交替、工学结合。

工学交替的具体设计是多样化的：有的按日交替，有的则是按周、月、学期交替；在岗训练可以在一个企业完成，也可以在不同企业完成；在具备条件的地区，学徒也可以在公共的学徒训练中心完成在岗训练任务。

（7）学徒岗位。学徒岗位是为培养学徒而设置的正式岗位，由特定的工作内容、工作条件及相关权责要求等组成。按照现代学徒制的要求，企业需要先有学徒岗位才有资格招收学徒。

（8）学徒岗位标准。岗位标准具体包括岗位职责与工作标准。学徒岗位标准是对学徒在岗位上“干什么”“如何干”“干到什么程度”等问题的回答。学徒岗位标准是制订现代学徒制人才培养方案的起点。

（9）质量认证、评估师、内审员、外审员。质量认证一般指由学校和企业以外的第三方提供的质量监督与评估服务。评估师、内审员、外审员是第三方质量保证体系框架下的三种角色。评估师按照现代学徒制培养标准指导学徒学习。内审员由学校和企业内部人员或校企聘用人员担任，负责制订培养方案与指导评估师的工作。外审员由第三方评估机构派人担任，负责审定评估师的工作与学徒培养的质量。

（三）现代学徒制的要素

现代学徒制的逻辑起点在于校企合作，其关键在于如何有效整合学校教育和工作现场教育。因此，现代学徒制的基本要素主要包括以下几个方面。

1．校企双方共同参与

与传统学徒制相比，现代学徒制中人才供需双方的直接对接成为现实。因此，现代学徒制必须建立在学校和企业双方共同作为主体的基础上，实现校企双主体育人，即学校和企业作为平等的育人主体共同参与人才培养。

2．利益共振是主动力

当前，校企合作面临的主要问题是如何深入和如何持续。这个问题的解决不仅需要靠国家的政策支持，更需要学校和企业这两个主体通过相互磨合，探寻双方的利益共振点，建立相互依赖的关系。

目前，校企合作难以持续的根本原因就在于企业在合作中“难以见利”，没有利益来吸引企业主动地参与到校企合作中来，导致校企双方无法以平等的身份进行对话，合作也就无法长效进行。我们将物理学中的“共振”概念引入职业教育中的校企合作，其振动的特定频率是“利益”。原本，企业以生产为目的，学校以人的培养为目的，从表面上看，二者的利益不一致，但由于企业的生产需要人、需要技术，而学校是培养人的、提供技术服务的，因此校企双方通过合作能够实现“双赢”。因此，实现校企深度合作的关键在于实现校企双方的“双赢”，即实现利益的“共振”，以从根本上解决校企合作的结合点。

3．学生具有学徒身份

在校企双方作为利益的主体形成积极的依存关系背景下，现代学徒制的建立就有了基础。在此基础上，赋予学生学徒的身份（签订培养协议或就业协议），以使培养学生成为学校和企业双方共同的责任。

在整合学校教育和工作现场教育方面，可以以学校场地为主，整合企业资源；也可以以企业场地为主，整合学校资源。例如，广州市技师学院的学徒制建立方式是以企业场地为主体，整合学校资源。该学院学生的三年培训学习任务全部在企业完成，教育教学的组织以企业为中心，企业提供教学场地，教师到企业上课。这就从形式上改变了当前就学校而论教育的职业教育现状，并且真正赋予了学生学徒的身份，学生对自己的身份也有了真实的体验和认同感。

（四）现代学徒制的模式

现代学徒制是传统学徒培训与现代学校教育相结合、企业与学校合作实施的职业教育制度，起源于德国的职业培训。目前世界各国都建立了或正在探索建立适合新时期的现代学徒制系统。

1．英国的现代学徒制模式

英国学徒制体系由三个级别组成：中级学徒制（国家职业资格二级）、高级学徒制（国家职业资格三级）和高等学徒制（国家职业资格四级及以上）。学徒培训的依据是由英国各行业技能委员会开发、国家统一发布的学徒制框架。

与德国及瑞士不同，英国学徒制框架本质上是一种目标—结果导向的管理策略，对学习的具体内容和校企分工没有限制，培训机构教什么，企业教什么，学徒怎么学，都非常灵活。英国学徒制中，通常是培训机构主动寻找合作企业，企业开展职业教育的积极性不高。

学徒通常需经过面试，在确定录用后签订培训合同。在培训开始后，培训机构与企业按照共同商定的培训计划交替开展教学，通常为每周四天在企业，一天在培训机构。如果企业距离培训机构较远，也会以若干周为单位交替开展教学。培训机构会安排导师全程跟踪学徒在企业的学习与工作进展，对学徒的考核主要是学徒在工作现场的表现。专业颁证机构、培训机构，甚至是雇主，只要通过资格认可，都可以成为评估者。学徒取得学徒制框架里规定的所有资格证书，便成功地完成了培训。

2．瑞士的现代学徒制模式

瑞士的职业教育统归联邦政府管理，学徒制必须根据联邦专业教育与技术办公室发布的《职业培训条例》来开展。条例不仅规定了教育内容，也规定了职业学校、企业、产业培训中心的分工与职责。与德国不同，瑞士现代学徒制的校企分工是在国家最高层面进行统一设计的。

瑞士的现代学徒制在三个场所完成，因此被称为“三元制”现代学徒制（图 1-3）。①企业培训。它是瑞士学徒制的重心，占全部学习时间的 70%以上。②职业学校的学习。大多数职业学校由州或市开办，也有部分学校由行业联合会开办。③产业培训中心的入门培训。产业培训中心由行业协会开办，属于独立的第三类培训场所，主要采取集中授课方式，学习内容为从事某一职业所需的基础专业知识和技能。企业培训与学校教育交替进行，典型做法是学生每周 1～2 天在职业学校学习，3～4 天在企业接受培训。还有一种模式是学生开始时大部分时间在学校学习，然后逐渐减少在校学习时间，转而以企业培训为主。在学徒期满后，学徒要参加一系列国家考试，以获得联邦职业教育证书（二年制）或文凭（三年或四年制）。同时，他们还可获得一份由师傅颁发的学徒工作证明。

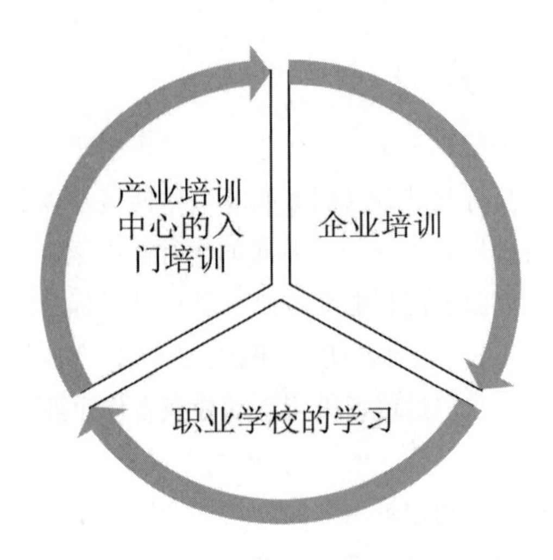

图 1-3　三元制现代学徒制

3．德国的现代学徒制模式

德国现代学徒制有一个更加简洁的名字——“双元制”，经过多年发展，取得了显著的成效。一方面表现在为行业企业提供了大量应用型人才，大力推动了德国制造业的发展；另一方面表现为德国较低的失业率，劳动力市场呈现相对稳定的状态。在德国，现代学徒制模式深入人心，不仅促进了德国职业教育的发展，而且满足了德国社会经济发展的需求，提高了德国企业的竞争力。

德国企业有着严格的学徒选拔制度。企业会密切关注学生在职业院校学习期间的整体表现，并通过一系列的测试选拔学徒。通过了测试的学生还会有 1～3 个月的试用期，然后才能成为正式学徒。学生想要顺利地成为企业的正式学徒，必须在学校学习期间付出努力，充实自身的理论知识，达到企业正式学徒的要求。

除了严格的学徒选拔制度，德国还有健全的技能评价制度。德国的学徒制培训主要在学校和企业进行，考核则由第三方机构进行。达到要求的学徒可以获得相应的技能资格证书。德国的技能评价制度非常健全，企业会根据学徒获得的技能资格证书情况判断其能力水平，为学徒提供相应的职位和薪资待遇。

德国的现代学徒制形成了成熟的培训投资成本共担制度。企业、政府和学徒分担培训投资成本，其中企业承担了培训投资成本的大部分。大中型企业承担的投资成本主要包括培训管理费、设备费、社会保险费、培训人员经费和学徒的工资补贴等。小企业向职业教育培训中心支付培训经费，以及学徒工资和培训教师补贴。有些行业自发成立学徒教育基金会，用于支付本行业所有参加学徒培训的人员费用，有助于提高培训资金的利用率。

政府对学徒制的成本分担主要分为两个方面：直接投入和间接投入。直接投入是指政府为学徒制教育直接提供资金支持，主要用于维持职业学校的运转、支付教师工资和购置培训中心设备设施等。间接投入包括提供一系列优惠政策和补贴，如设立专项基金、承担学徒交通费用、提供税费减免措施以及优惠贷款等，鼓励企业参与学徒制教育，为企业分担学徒制培训的成本。

第二节　现代学徒制的中国实践

在我国，尽管学校代替企业成为技能型人才培养的主体，但是学徒制并未在社会生活中完全消失。例如，2006 年江苏太仓健雄职业技术学院（现苏州健雄职业技术学院）与德国企业合作，形成了本土化的“定岗双元制”高职学历人才培养模式。我国职业院校积极与企业合作，在探索非学历技工培训教育方面取得了一定的成效。

一、自下而上的现代学徒制实践

（一）新余试点

在职业教育改革与发展的浪潮中，我国一些地方逐渐兴起了对现代学徒制的探索与实践，如江西新余市的“新余试点”。

2010 年，新余出台了《职业教育现代学徒制试点工作方案》，希望通过两年的努力，探索并建立具有世界眼光、中国特色的现代学徒制体系，将新余建设成为全国职业教育现代学徒制示范区、全国职业教育改革发展的先行区。方案的主要内容如下：

一是招生即招工。凡是有职业培训意愿的，都可以进入新余的职业院校就读学习。职业院校与企业签订培养和就业协议，实行订单培养和协议就业，学生一进入学校，就开始进入企业带薪学徒。

二是招工即招生。企业招收的熟练员工，在上岗之前，全部被安排进入职业院校接受企业文化等岗前培训；招收的非熟练员工，企业须与员工签订培训合同，并根据员工的意愿，分配至职业院校就读，修满学分后由职业院校颁发相应的毕业证书。

三是上课即上岗。学校实行灵活学分制，对于进入职业院校学习的企业员工，不固定学习时间和期限，随到随学，修满学分为合格。学历教育学生也可以根据企业订单要求，灵活安排学习，传统的寒暑假和双休日作息制度被打破；建立课堂、实训车间和实习企业三位一体的教学模式，学生在学中做、做中学，半工半读，工学结合。

四是毕业即就业。学生在学徒期间，如果学徒和企业双方都满意，可直接签订劳动合同，学徒毕业后即可正式被录用为企业员工。

方案要求建立一系列保障机制，如加强组织领导、强化政策扶持、加大经费投入和平台建设。例如，新余市政府每年拨款2500多万元奖励现代学徒制成效突出的企业，各项奖励和优惠政策向实施现代学徒制的企业倾斜，并对学徒每人每年补助2800元，学生在企业每月还能领到500～800元的学徒工资。

（二）广东试点

近年来，广东经济发展已进入提质增效的新阶段，传统产业加速转型升级，高新技术产业快速发展，新兴产业不断涌现，技术更新步伐加快，技术含量不断提高，产业发展对低端技术技能人才的需求在逐渐萎缩，对中高端技术技能人才的要求在逐渐提高。2011年，清远职业技术学院在全国率先开展现代学徒制试点。广东省职业教育现代学徒制试点规模迅速扩大，全省共有24所高职院校48个专业开展试点，其中7所院校被同时纳入教育部首批试点范围。

广东省教育厅会同有关部门印发了《关于大力开展职业教育现代学徒制试点工作的实施意见》，对现代学徒制试点工作提出了具体要求和保障措施，引导全省高职院校深入开展现代学徒制试点工作。

发展现代职业教育，标准必须先行。广东大力开展现代学徒制专业教学标准、企业标准、双导师标准、学生评价标准、项目评价标准建设，推动现代学徒制规范化、科学化发展。经过两年的研究与实践，2016年年底，广东省完成了16个现代学徒制专业教学标准及其系列课程标准，形成了一套可复制的现代学徒制专业教学标准建设理论与方法，指导现代学徒制专业教学标准的开发。

试点院校在试点过程中，始终以校企共赢为基本立足点，以校企一体化育人为主线，精选合作单位，创新招生方式和人才培养模式，初步形成了“双身份管理、双场所教学、双主体育人，一体化人才培养方案、专业教学标准及质量评价标准”的现代学徒制育人模式。

试点院校根据生源差异、企业背景及专业特色，探索实践各具特色的现代学徒制，逐步形成了具有广东特色、内涵丰富的三种招生方式和人才培养模式。一是企业主导，先招工后招生。试点院校以自主招生方式招收企业员工为学徒，解决学生和员工的双重身份问题，学生主要在试点企业学习基本知识、理论和训练技能，采取在岗成才、学训一体的学徒培养方式。二是校企融合，招工与招生同步。试点院校以自主招生方式招收应往届中职生，企业同时将学生招收为学徒，在校学习和企业培训交替进行，形成了学训交替的学徒培养方式。三是学校主导，先招生再招工。试点院校招收应届高中毕业生为学徒，企业确定用工意向，校企共同制订人才培养方案，学生在学校先学习基本知识和基本技能，再到企业岗位上培养技术技能，形成了先学后训的学徒培养方式。

在政府各部门、行业企业的大力支持下，广东省的现代学徒制试点工作取得了不错的成绩。有关工作经验和做法得到了教育部的充分肯定，先后在2014年全国职业教育现代学徒制试点工作推进会和2015年教育部职业教育与成人教育年度工作会议上做专题发言。

二、自上而下的现代学徒制实践

《国务院关于加快发展现代职业教育的决定》明确提出“开展校企联合招生、联合培养的现代学徒制试点，完善支持政策，推进校企一体化育人”，这为我国职业教育深化校企合作、工学结合，推进人才培养模式创新指明了方向。2014年，全国职业教育工作会议指出：“积极探索现代学徒制，开展现代学徒制试点。”“现代学徒制是企业与学校联合招生、联合培养的有效育人模式，是产教融合的有力载体。其中，核心做法是‘签好两个合同，用好三块资金、解决四个问题’。‘两个合同’分别是学生和企业的劳动合同和学校和企业的校企合作培养合同；‘三块资金’分别是企业依法提取的职工工资总额1.5%～2.5%的教育培训经费、国家中等职业学校学生资助和免学费资金、国家的就业培训资金；‘四个问题’分别是招工难、用工不稳定、就业工资低和‘80后’‘90后’的人生价值实现等。”

为贯彻全国职业教育工作会议精神，深化产教融合、校企合作，进一步完善校企合作育人机制，创新技术技能人才培养模式，教育部颁布了《关于开展现代学徒制试点工作的意见》。文件要求各地从四个方面把握现代学徒制的内涵：一是积极开展“招生即招工、入校即入厂、校企联合培养”的现代学徒制试点，扩大试点院校的招生自主权，推进招生与招工一体化；二是引导校企按人才成长规律和岗位需求，共同参与人才培养全过程，深化工学结合人才培养模式改革，真正实现校企一体化育人；三是加强专兼结合师资队伍建设，加大学校与企业之间人员互聘共用、双向挂职锻炼、横向联合研发和联合建设专业的力度；四是推进校企共建教学运行与质量监控体系，共同加强过程管理，完善相关制度，创新教学管理运行机制。

2014年12月13日，在全国职业教育现代学徒制试点工作推进会上，教育部表示，必须加快推进现代学徒制试点工作，各地要系统规划，做好顶层设计，因地制宜开展试点工作，构建校企协同育人机制。提出要重点做好五个方面的工作：一是落实好招生招工一体化，明确学生与学徒的双重身份，明确校企双主体的职责；二是加强专兼结合的师资队伍建设，完善双导师制，明确双导师职责和待遇，建立灵活的人才流动机制；三是推进优质教学资源共建共享，校企共同推进实训设施、数字化资源与信息化平台等资源建设，促进优秀企业文化与职业院校文化互通互融；四是形成与现代学徒制相适应的教学管理和运行机制；五是完善试点工作的保障机制，加强对试点工作的组织领导，制定多方参与的激励措施，逐步建立起政府引导、行业参与、社会支持、企业和职业院校双主体育人的中国特色现代学徒制。

2015 年 8 月 5 日，教育部遴选 165 家单位作为首批现代学徒制试点单位和行业试点牵头单位。2017 年 8 月 23 日，教育部确定第二批 203 个现代学徒制试点单位。2018 年 8 月 1 日，教育部确定第三批 194 个现代学徒制试点单位。

三、现代学徒制试点暴露的问题与对策

与国外日渐完善的状况不同，我国现代学徒制的发展尚处于起步阶段，虽然取得了一些成果，但是也存在一些问题。

（一）法制不完善，各方利益得不到有效保障

根据德国、美国等国家的现代学徒制经验，现代学徒制的行业、企业与职业院校之所以能够坚实合作，是因为除了双方有意愿，还有各级政府的意志和执行意志的强大保证——法律。我国虽然出台了相关的法律和政策，明确提出了职业教育开展经费学徒制试点，但未规定具体操作标准，如经费从哪里来，校企之间如何分配，学员在企业接受培训，企业是否支付学员报酬及为学员缴纳社会保险等。这就导致了现代学徒制参与各方（企业、学校、学生）的利益得不到保障，打击了他们的积极性。

自现代学徒制试点工作推进以来，国家先后出台了一系列政策文件，对现代学徒制实施的各个方面都做出了诸多规定。按照“政府引导、企业为主、院校参与”的原则，采取企校双师带徒、工学交替培养、脱产或半脱产培训等模式共同培养新型学徒。虽然这些文件已成为目前指导政府职能部门、职业院校和行业企业实施现代学徒制工作的规范性依据，但是对一个法治国家来说，政策毕竟不是法律，不具有法律特有的强制性，而且这些政策文件多为原则性、倡导性、宏观性的规定，部分条款空泛，有些规定也很模糊，缺乏法律的明确性、针对性和可操作性等特点，无法应对新形势下现代学徒制校企合作的多样性与复杂性。

我国法律法规没有对企业参与现代学徒制校企合作应当给予的经费支持和激励（如税收减免）等做出具体的规定，没有明确现代学徒制双主体育人中企业的主体地位，立法的不平衡状态不利于职业教育现代学徒制的发展。

在现代学徒制下，学徒既是职业院校的学生，又是企业的员工，但这种双重身份的表达是为了更好地理解现代学徒制的本质，而不是从法律层面上明确学徒生涯的法律地位。因此，必须明确学徒生涯的法律地位，否则学徒的合法权益得不到保障，一旦在学习过程中发生意外，维权就会比较困难。

因此，需要尽快建立和完善现代学徒制模式下校企合作的法律规章制度，明确政府、行业、企业、学校、学生各方在校企合作中的权利、义务和责任，为培养高素质技能型人才提供法律和制度保障。

（二）企业参与热情不高，校企合作层次低

企业的热情参与是现代学徒制成功的关键要素之一。据调查，多数企业忧虑对学生的培训需投入一定的成本，而且学生在企业接受培训过程中，企业需要支付一定的工资，但是培训结束后，愿意留在企业的学生不多，这导致企业的权益得不到保障。因此，企业参与热情不高，也导致了我国的校企合作层次总体偏低，还停留在以校企个别合作为主的层次上。

企业是市场经济的主体，其本质属性是经济性，追求利润是多数企业经营的核心动力。现代学徒制是学校教育与传统学徒教育的结合，因其跨界性聚合了不同类型的教育资源，兼具学校教育与社会教育的优点，但同时由于调动了广泛的资源参与教育活动而提高了教育成本，社会必须为现代学徒制的实施付出更多的资源投入，而企业就是承担这种资源投入的主要主体。由于参与现代学徒制要承担的成本高，企业需要具备全面、雄厚的资源禀赋。相较于企业负担的成本，参与现代学徒制的收益具有不确定性，企业的逐利性价值决定了其参与现代学徒制必须充分考虑投入产出比，同时，企业参与现代学徒制的成本居高不下，与预期收益的不确定性并存，共同构成了阻碍企业参与现代学徒制的天然屏障。

现代学徒制的本质是校企双主体育人，各自发挥育人的优势，相互补充、相辅相成。但在现代学徒制的试点工作实践中，学校主导、企业配合仍然是常态，企业参与人才培养的话语权普遍不足，导致企业推进现代学徒制的态度消极，学生在企业实习实训的时间短、质量差，制约了现代学徒制的推广和深化。其原因主要在于：一是学校与企业存在的教育观念存在差异。例如，学校主张在自由、宽松的氛围中培养和启发学生，企业则认为严格、有纪律的氛围更有助于学徒成长。学校希望企业为学生提供高技术含量的实训岗位，以尽快提高学生的就业能力；企业则倾向于安排一些相对简单的工作给学徒，以循序渐进的方式培养人才。二是企业缺乏教育专业能力。企业作为市场经济主体，日常经营运作基本与教育无关，既没有体系化的教育资源，也缺乏相关的教育理论研究和实践经验，因而企业的意见往往被学校忽视。

健全、良性的合作机制是实现现代学徒制可持续发展的根本保障，但目前我国现代学徒制由于校企合作机制不健全而暴露出许多问题。首先，管理体制不完善造成学校和企业之间的矛盾纠纷难以解决。目前我国实行“政府主导、行业参与、学校实施”的现代学徒制教育模式，尚未设立专门的校企合作管理机构，校企之间一旦出现矛盾和纠纷

往往只能向行政部门申诉，流程冗长，效率低下。其次，合作模式不成熟造成校企的合作关系不稳定。我国很多地方的校企合作关系仍在探索过程中，尚未形成成熟的合作模式。由于合作模式不成熟，现代学徒制的落实推进主要依赖感情和人际关系维系，合作层次不高，一旦出现关键性的人事变动，现代学徒制项目就可能半途而废。

针对上述问题，我们提出了增强企业参与现代学徒制意愿的对策。

1．建立收支相对平衡的经费制度，为参与企业提供特别奖励

现代学徒制的实施需要企业为学生（学徒）的培训预备充足的教育资源，并在学生实习实训期间连续支付各类教育成本，客观上要求企业建立收支相对平衡的经费制度，以保障现代学徒制的平稳有序实施。帮助企业平衡收支只是使企业拥有参与现代学徒制意愿的前置条件，要充分调动企业的积极性，还需要更进一步为参与企业提供特别奖励。例如奥地利为成立不超过 5 年就参与现代学徒制，且提供学徒岗位超过 10 个的企业提供特别奖励；荷兰则制定了针对参与现代学徒制企业的税收减免、免征社会保险金制度。我国实施现代学徒制可以借鉴国际先进经验，给予参与现代学徒制的企业更多奖励和优惠。

2．赋予企业在现代学徒制中的话语权，构建新型产教关系

一是搭建沟通交流平台，赋予企业更多的教育权力。地方教育主管部门应引导学校和企业在达成共识的基础上搭建沟通交流平台，健全校企信息共享、交换和反馈机制，赋予企业更多表达意见的机会。同时要对现代学徒制实施效果进行评估，适当加大企业内部评估的权重，重视企业的评估意见，将其作为现代学徒制实施成效的重要指标。二是保证企业的育人主体作用，构建新型产教关系。一方面，学校要切实转变教育观念，深刻认识到企业在技术技能人才培养过程中的重要作用，从主观层面给予企业更多尊重和体谅；另一方面，企业要增强主体意识，通过积极的行动彰显自身的育人主体作用和教育价值，尤其是要完善相关激励机制，给予担任学徒导师的师傅更多的物质奖励、荣誉奖励、职业晋升机会等，充分激发企业师傅参与现代学徒制的积极性。

3．加强现代学徒制项目的成本控制，降低企业的参与风险

一是发挥政府公共治理功能，控制项目成本，尤其是学校和企业在协同育人过程中产生矛盾纠纷时，政府要及时予以指导和仲裁，减少项目内耗。二是学校扮演好服务的角色，降低项目成本。学校可以针对合作企业的业务方向和经营特点，开发有针对性的教育课程群，并围绕该课程群与企业开展现代学徒制教育，降低企业的招聘成本和用人成本。三是企业合理进行现代学徒制的投资决策。企业必须通盘考虑自身的业务性质、产品定位、人才需求、综合实力等多方面因素，合理决策参与现代学徒制的深度和形式。

4．推动“硬制度”与“软制度”建设相结合，营造良好的制度环境

一是完善企业参与现代学徒制的正式制度。推动现代学徒制向更深的层次迈进，需要加强立法工作，及时修订《中华人民共和国职业教育法》（以下简称《职业教育法》）以及相关法律，明确企业参与职业教育的法律地位，给予企业参与现代学徒制更加明确的预期和保障。二是建立企业参与现代学徒制的非正式制度。社会各界力量应联合起来，共同持续加强宣传和引导，消除职业教育面临的社会性歧视。媒体要讲好职教故事，传播职教声音，向全社会传递职业教育正能量，赋予参与现代学徒制的企业和企业家更多的价值感和荣誉感。

5．搭建学徒支持系统，降低企业的学徒培训风险

建立学徒支持系统，帮助学生全身心投入实训，在提高培训成效的同时降低学徒的辍学率、流失率，是降低企业学徒培训风险的重要举措。一是为学徒及其家人提供充分的信息支持。学校和企业要建立面向学生及其家庭的信息沟通机制和渠道，及时向学生及其家人宣传和传达现代学徒制的教育模式、就业前景、教学优势、接受教育的收获等信息，调动学生参与现代学徒制的积极性，争取学生家长的支持。二是提供职业指导，帮助学生做好职业生涯规划。学校和企业应针对青春期学生的身心特点，帮助学生发现自己的职业倾向，做好职业规划。企业也应向学生说明人才成长路径、晋升通道等与学生未来职业发展息息相关的信息，帮助学生树立职业目标和发展信心。三是给予学生在学业以及生活等方面的支持，消除学生的后顾之忧。学校和企业应对学生的整个学习过程给予充分的关注和指导，当学生无论是在学业上遇到问题还是在生活上遇到困难时，都要及时给予帮助，消除学生的后顾之忧。

（三）缺乏统一的培训标准

目前实行的校企合作、工学交替以及个别院校开展的现代学徒制试点，都缺乏企业、学校以及政府统一制定的培训和考评标准。当前的多数做法是，学校自行制订或与合作企业一起制订人才培养方案，学校和企业按照人才培养方案组织教学和培训。这导致各个学校和企业的教育标准不一致，培养的人才质量良莠不齐。

从总体上看，当前我国企业培训师队伍是一支企业主管的队伍，也是建设企业培训师队伍的核心构成。其建设尚存在以下问题：一是能力不足。主要表现为专业实践能力有限，不能结合企业实际所需实施教学；教育教学能力有限。二是发展受限。我国高等院校没有专门的企业培训师专业，专职企业培训师多为相关专业（如教育学、心理学、管理学等）转行，兼职教师也多以实践操作技能为主，专业化发展处于自生自灭的状态，限制了企业培训师队伍水平的提高。三是标准失效。我国企业培训师国家职业标准将企

业培训师分为助理企业培训师、企业培训师和高级企业培训师三个等级，这种笼统的划分办法与企业的发展需求无法很好地兼容。另外，我国现行的企业培训师职业标准制定及应用中还存在参与主体缺失、实施环节间断等问题。四是收益不高。我国企业培训师行业的工资水平整体上难以与该行业对其所从事人员高度的综合能力要求相匹配，不同地区、行业、级别的企业培训师工资收入差异显著，不利于企业培训师的规模化及稳定性的发展。五是支撑欠缺。我国企业培训师行业尚处于无序发展阶段，行业及师资队伍建设的制度及组织支撑十分欠缺。

企业培训师的选拔、培养、投入与评价是现代学徒制顺利开展与质量保障的重要条件。基于当前企业培训师队伍建设存在的问题，现代学徒制对企业培训师队伍的发展提出了新的要求与挑战。

其一，理实一体化的素质结构。企业培训师能力提升的方向：一是在现有实践水平的基础上进行提升，实现实践操作环节的程序化、结构化，由此熟练展示于教学环节中以促进学生的高效化学习；二是在融合自身实践技能的基础上加强相关理论知识的学习，以更好地承担技术技能传递者的职责。

其二，合格的教育教学能力。对于企业培训师来说，合格的教育教学能力主要包含以下四个方面：一是育人能力；二是专业教学能力；三是管理能力；四是职业指导能力。

其三，高效的师资团队合作。一是企业培训管理团队主要负责企业学徒的管理与指导，工作性学习任务开发、实施与评价。二是企业内部职业岗位群的培训团队主要负责职业岗位群所需后备人才技能培训及技术与工艺创新。

其四，有效的企业培训师资格标准。建构以解决问题为导向、以学习结果为衡量标准的企业培训师标准体系；以社会及行业实际的发展需要为依据完善标准内容构成以及等级与类型的划分；多主体参与标准制定、实施与监督，以提高标准的实施认可度；建立健全资格标准的考试制度，保证企业培训师资格证书社会信用度和效度；完善资格标准实施配套的规范，明确各主体在开发、认证以及颁证环节中的职责，以及相关标准规范的清晰阐述和有效实施；夯实相关职业教育的法律基础，并在企业培训师的市场准入制度及竞争制度等制度建设中协助其资格标准体系的有效实施。

第三节　现代学徒制的参与方

现代学徒制的参与方主要有国家、行业协会、职业学校、企业、双导师以及学生/学徒。国家是现代学徒制的顶层设计者，负责制定相关法律法规，统筹规划现代学徒制实施层面各个要素的工作。行业协会作为学校与企业沟通的桥梁，为两者的有效沟通与合作提供相应的信息与建议，保障现代学徒制能够有条不紊地实施。学校与企业是现代学徒制落实层面的双主体，承担着协同育人的责任。学生/学徒是现代学徒制实施过程中的最终落实者，根据学校/企业的培训要求，在校企双边教学场所学习岗位所需的职业技能知识与理论知识，提高自身综合素质，以便日后进入社会能够找到满意的工作。

一、国家

国家也可以说是政府部门，是现代学徒制的顶层设计者，也是现代学徒制的管理者，在现代学徒制整个人才培养过程中起到指挥棒的作用。国家通过出台相关的政策与法律法规，地方政府部门根据上级指示，通过下发相关文件并安排地区学校有条不紊地落实政策的相关要求，使得学徒制中各利益相关者都能明确自身的权责，确保现代学徒制在我国顺利实施与推广。此外，国家（地方政府部门）还是确保现代学徒制能够顺利实施的主要出资者。由于学徒的培养需要耗费大量的财力与物力，为了确保各利益相关者能够保持参与现代学徒制的积极性，国家除了出台经济政策与法律条文，也要通过经济手段（如减免部分税收等形式）来减轻校企层面学徒培养的经济成本，保证各利益相关者能够各司其职，为现代学徒制的健康发展创造有利的环境。

二、行业协会

从国外的现代学徒制发展进程看，行业协会对一个国家职业教育的健康快速发展起着不可替代的作用，是连接企业、学校与政府的纽带，也是检验人才培养质量的重要把关口。在学徒制人才培养过程中，行业协会的主要功能包括以下几个方面。

（1）学徒招收工作准备前，行业专家应收集市场人才需求数量等相关信息，为职业学校与企业招收学徒提供参考意见。此外，对于学徒的人才培养方案、培养目标、教学目标等设计，行业协会应根据所设专业的情况拣选相应专家到校进行指导，为校企培养优秀学徒提供有效意见，降低学徒培训成本。

（2）在学徒培养过程中，行业协会应发挥协调组织作用，主动承接有效连接学校与企业沟通的义务，并适时传达国家或教育部门的相关信息与要求，强化自身的社会服务意识。

（3）行业协会还应参与到学徒的评价考核过程中，对学徒考核体系的构建进行把关，适时根据社会需求对考核体系提出修改建议；积极参与国家职业培训与等级评定，通过参与实际活动提高自身专业性。

三、职业学校

职业学校是我国培育技能型人才的主要场所之一，也是学生学习理论知识和检验学习成绩的固定场所。职业学校主要负责传授学生与专业相关的理论知识、基础技术技能、综合素质课程等。学生通过在校学习，可以建构自身的理论知识体系，方便日后进企学习；此外，学生在企业学习技术知识，职业学校则为学生提供专业知识的学习。

在现代学徒制人才培养过程中，职业学校作为主要参与者之一，承接了与企业共同设计人才培养方案、教学目标、教学活动等工作，负责学生在校学习的考核，落实学生到企业实习的工作，并安排指导教师与校内导师定期对学生在企业学习的情况进行跟踪汇报指导。职业学校的工作除了对学生进行知识传授，还要促进学生的全面发展，为学生毕业进入社会工作打下基础。

四、企业

在现代学徒制中，合作企业在人才培养过程中起着十分重要的作用，企业作为主要培养者之一，主要负责学徒实践技能的教学。此外，在现代学徒制人才培养过程中，企业的主体地位得到提高，从学徒的招收、学习到考核，企业都全程参与进来。学徒在企业学习期间，企业根据学生的专业与人才培养目标的要求为其挑选师傅，落实教学环节。企业师傅不仅负责教授技能知识，还会根据校企设定的评价指标对学徒在企业的学习情况进行考核。

在现代学徒制中，企业为学生提供传授知识与技能的场所，并安排人力资源辅导教学，而职业学校为企业提供可用的顶岗员工并输送优秀的预备人才，两者在校企合作平台中互利共赢，是现代学徒制得以顺利开展的重要保障。

五、双导师

双导师是指在现代学徒制人才培养过程中，对学徒传授理论知识与实践知识的职业学校校内导师与企业师傅。

校内导师主要负责教授专业理论知识与基本技能技术，引导学生树立正确的价值观与人生观，以提高学生综合素质为任务，负责学生校内的考核评价。此外，学生在企业实践学习的过程中，校内导师起到辅导作用，通过线上交流与线下了解，跟踪学生的实践学习情况，定期下企与学生交流，适时对学生的学习与工作压力进行疏导。

企业师傅负责的是学生在企业的学习环节，通过现场教学与指导，让学生在真实的工作环境中快速掌握岗位知识与技能，并利用空闲时间对学生的困惑进行解答，让学生在企业实践过程中做到理论联系实际，快速适应岗位需求。对于学生在企业的学习情况，主要由企业师傅对其进行考核，考核内容根据岗位需求而定，而考核指标则由校企共同制定。

校内导师与企业师傅的选拔标准由校企双方根据实际情况确定。通过对现代学徒制试点的总结，我们得出双导师应具备以下三个基本特征：

（1）具有一定的教龄或工作经验。校内导师必须在实践岗位上工作过一段时间，具备一定的工作能力与经验。

（2）知识储备充足。校内导师作为学生在校学习的教授者，必定具备某学科过硬的理论知识与相应的技能知识，方能担任现代学徒制中的指导者；而在甄选企业师傅时，也要考查他们在工作岗位上的操作能力，面对突发情况的应对能力，快速转换岗位的适应能力。

（3）具有相关岗位从业的资格证书。现代学徒制试点学校的校内导师除了具备教师资格证，还需有其他技能型证书或企业实践证明等，目前大多数试点学校的校内导师是从“双师型”教师队伍中选拔出来的；企业师傅必须具备某个工作岗位的从业资格证。

六、学生/学徒

在现代学徒制中，学生还有另一种称呼，即学徒。学徒作为现代学徒制的主要参与者之一，他们的义务就是在规定的时间与场所接受校内导师和企业师傅传授的知识与技能。在学校，他们以学生的身份进行学习，除了学习理论知识、基础技能知识，还应接受体能训练，努力做到德智体美劳全面发展；在企业，他们以学徒的身份跟随师傅学习技能，适应企业工作环境，以便快速上岗。

根据“招生即招工，入学即入企”的要求，学生通过层层选拔进入学徒班，正式成为企业的一员。企业员工通过选拔会以学生的身份进入学校学习。学生与学徒选拔互通，深化了校企合作，为学校与企业的进一步合作创造了更多可能性。

第二章

现代学徒制人才培养标准的理论基础

职业教育作为一种独立的教育类型，有别于普通教育。职业教育人才培养经历了传统学徒制—班级授课制—现代学徒制的发展历程。现代学徒制作为一种新型学徒制，是传统的学徒培训方式与现代学校教育相结合的产物。

现代学徒制基于传统的职业教育“校企合作”的办学理念与“工学结合”的培养模式，与“订单培养”有着紧密联系，但是现代学徒制又高于“校企合作”“工学结合”“订单培养”，是职业学校与企业和谐共生关系的结晶。由于现代学徒制在技术技能型人才培养上具有独特的质量优势与效率优势，教育部颁布《关于开展现代学徒制试点工作的意见》，遴选165家单位作为首批现代学徒制试点单位和行业试点牵头单位。现代学徒制在全国范围内展开了广泛而深入的探索。

第一节　以学为本：现代学徒制的生长点

相对于传统学徒制，现代学徒制是一种具有现代意义的培养未来技能和技术人才的制度或模式，推动了职业教育理念的转变，带来了教育教学效果的提升。“百年大计，教育为本；强国富民，育人为先。”育人为本是教育的生命和灵魂，是教育的本质要求和价值诉求，因此，现代学徒制的实践不能改变“育人”的基本要求，“学”依然是现代学徒制的根本。

一、现代学徒制应坚持“以生为本”的教育理念

现代学徒制坚持“以生为本”的教育理念。在现实中，这个朴素的诉求被班级授课制束缚，而在现代学徒制的实践中获得新生。教育以培育人为天职，人是教育的立足点和归宿点，关心人的解放、人的完善和人的发展是教育的本质。职业教育同样如此。尽管职业教育以就业为导向，但是这并不意味着职业教育被市场需求奴役，一味地被动迎

合市场需求。在教学目标的确定上，职业教育仍然需要坚持“培养人”的教育本质，以促进学生的全面发展、满足学生的多样化需求为终极追求；在教学过程的实施中，将职业院校学生作为“发展中的人”来对待，充分尊重学生的主体地位，基于学生的职业成长规律，着眼于学生的可持续发展。具体而论体现在教与学的关系和师与生的关系两个方面。

一是在教与学的关系上，学生的“学”是根本，“教”服务于学，理想状态是实现教学相长。尽管教与学的关系是一个古老的话题，但是在现代学徒制视域下教与学的关系是对传统学徒制合力内核的继承与发展，具有特殊的价值和意义。例如，在教学内容上，现代学徒制将学生“学什么”放在首位，在此基础上再考虑“教什么”；在教学方法上，现代学徒制将学生“怎么学”放在首位，在此基础上再考虑教师“怎么教”。

二是在师与生的关系上，学生是本体，是学之根本，教师服务于学生的成长与发展，理想状态是实现师生共进。在师生关系的研究与实践中，曾有“教师中心说”与“学生中心说”的激烈争论。现代学徒制视域下的师生关系，不是简单的中心和非中心的概念，而是本体和所用的概念。在学徒制（无论是传统学徒制还是现代学徒制）背景下，学生具有明确和正式的学徒身份，基于此，师傅（教师）与学徒（学生）之间形成一种显性或隐性的契约关系，师傅（教师）与学徒（学生）因共同的目标而建立起师徒（师生）关系。在这种契约背景下的师徒（师生）关系，必须坚持“以生为体，以师为用”的体用之道才能推动契约的达成。当然，这并不排斥在这个过程中师生的共同发展。

二、以学为本的现代学徒制追求“个体发展，社会进步”的双赢目标

现代学徒制不仅是职业教育作为一种教育类型的发展需求，也是提升人才培养质量的时代需求。经济社会的迅猛发展与日新月异的变革，为职业教育在人才培养方面提出了更高的要求。职业教育不仅要为经济社会发展提供足够数量的人才，而且在人才质量以及人才培养效率等方面均面临着更高的要求，如何快速、高效地培养高素质人才成为职业教育发展中的一个核心问题。现代学徒制是传统学徒制经过班级授课制的洗礼而诞生的，整合了学校与企业两个主体的教育力量，不仅传承了传统学徒制的质量优势，而且进一步发挥了班级授课制的效率优势。

传统学徒制作为一种古老的职业教育形式，在工场手工业时代培养了大量的技能型人才，在传统手工业发展的历史进程中扮演着重要角色。然而，随着工业革命的到来，传统的手工作坊逐渐退出了历史舞台，机械化大生产促使人类生产方式发生了重大转变，亟需大量具有熟练劳动技能的工人。传统学徒制显然无法满足这一历史需求，于是在班级授课制的基础上产生了现代学徒制。现代学徒制的产生不仅仅实现了职业教育理念的转变，更进一步促进了职业教育效率的提升。在人才培养方式方面，现代学徒制实

现了学校与企业的全面合作，以及产与教的深度融合，可以使个体获得快速成长，并能够在较短的时间内为社会发展培养大量的实用型人才。

现代学徒制是对传统学徒制的否定之否定，是对传统学徒制“以学为本”理念的继承与发展。只有建立在“以学为本”这个生长点基础上的现代学徒制实现形式，才是真正意义上的现代学徒制；抛弃了“学习”和“学生”的现代学徒制是伪现代学徒制。基于此，现代学徒制在职业教育实践的生长点在于“以学为本”，即肯定“学”（学习和学生）在教育活动中的主体地位，切实做到“因学论教”。

第二节　工匠精神：现代学徒制的切入点

在工业 4.0 的新形势下，在由制造大国向制造强国迈进的进程中，职业教育肩负着传承工匠精神、培育大国工匠的重任。“工匠精神”是现代工业制造的灵魂，2016 年，工匠精神首次在政府工作报告中正式提出。

“技进乎艺，艺进乎道”诠释了工匠精神的基本内涵，在高超技艺的基础上融入职业素养、职业道德、职业智慧等，进而达到“技可进乎道，艺可通乎神”的境界。工匠精神的培育依赖工作现场与真实任务，依赖师傅的“口传心授”。职业教育的本质和特征是“跨界的教育”，既是“工”，也是“学”，是“职业性”与“教育性”相结合的产物。现代学徒制将这种“工”与“学”结合得更为紧密，为工匠精神的培养创设了“形”“神”兼备的条件。

一、以现代学徒制的“职业性”创设工匠培养之“形”

无论是“精益求精、持之以恒、爱岗敬业、守正创新”“敬业、精业、奉献”还是“爱岗敬业、无私奉献；开拓创新、持续专注；精益求精、追求极致”，这样的工匠精神均需要具有职业属性的人才培养模式的支撑。现代学徒制作为职业教育人才培养的模式之一，具有天然的职业属性。所谓现代学徒制的职业性，主要指的是现代学徒制与人的职业生活和职业发展密切相关，是促使个体职业化的教育实践活动。突出现代学徒制的职业性，是因为职业生活是人生中的主要行为，人若没有职业，其他各种行为都必受影响，所以教育以职业生活为目标之一，是极有道理的。因此，职业性应当是现代学徒制的根本属性，离开职业性，现代学徒制则失去了其存在的前提。

现代学徒制的职业性体现在整个育人活动的始终。职业教育的重要特性在于需要创设相应的情境要素，实现“做中学”，这是职业教育有别于普通教育的重要特性。同时，体现“职业性”的情境要素不仅是指实训设备等硬件，也是指构建情境要素的软件和相应机制。例如：如何通过校企合作，建立实训条件的长效发展机制；如何通过教学管理，优化实训资源的配置；如何通过教学设计，实现理论与实践的一体化教学。这就需要建立一种新的职业教育制度，以适应职业教育职业属性的特殊需求。现代学徒制紧贴职业教育人才培养的特殊需求，通过校企的深度合作，一是建立学徒与企业间的契约关系；二是构建基于学习任务（由典型工作任务经过教学化处理转化而来）的理论实践一体化教学环境，并促进学生自主学习的学习资源建设；三是注重师生情感在技艺传承以及职业道德养成过程中的重要作用。在这个过程中，基于现代学徒制的“共生”型校企合作关系，企业作为育人的主体之一，在设施设备投入、培养方案制订、课程资源建设、师资力量投入以及行业规范和企业文化融入等诸方面表现得更为积极主动。如此，学徒在真实的工作现场，通过真实的工作任务和师傅的言传身教，既达到了学校毕业生的要求，又达到了企业的入职标准，更具备了可持续发展所需的工匠精神。因此，将工匠精神置于现代学徒体系中培育，既发挥了现代学徒制“职业属性”的天然优势，又为提升人的培养质量找准了切入点。

二、现代学徒制的“教育性”创设工匠培养之“神”

尽管“技艺授受”是职业教育的本质，但是职业教育不仅限于“技艺授受”。现代学徒制作为培养技术技能型人才的一种路径或模式，归根结底是一种培养人的活动，不能因其“职业”属性而忽视其“教育”属性。在19世纪末，伴随工业化大生产而产生的仅负责一个最具体工作的工人（如电影《摩登时代》所描述）已不能适应时代发展对技术技能型人才的需求。教育性在新时代技术技能型人才的培养过程中显得尤为重要。现代学徒制的教育性主要体现为对职业教育人才培养目标从“成器”到“成人”的升华，这就需要将现代学徒制下的技术技能型人才培养与简单的职业技能培训相区别。

培养个体熟练的劳动技能是现代学徒制的目标之一，更为重要的是促进个体的职业化，进而实现个体的全面发展。教育要符合学生的身心发展规律，这是教育的基本原则之一。然而，随着职业教育的规模极大扩张，在职业教育的教学一线，学生学习的个体要素常常没有得到应有的关注，特别是学生的非智力因素，如情感、兴趣等。这导致职业院校学生的内在学习动力难以被激发，学习方式单一、低效等问题长期存在，将职业教育简化为职业培训，“教育性”不足。教育性的核心在于不仅关注当下，更关注学生作为教育主体的可持续发展。现代学徒制既关注学生当下的就业和上岗问题，又关注学生技术思维方式的培养、学习迁移能力的培养以及职业道德的养成等学生的可持续发展问题。遵循学生的职业成长规律，注重通过文化（如师徒文化、企业文化等）的隐性功能发挥非智力因素在学生职业成长中的影响力。基于此，现代学徒制秉承传统学徒制技术技能型人才培养的“质量”优势，以“工匠精神”为其“教育性”的重要表征，创设工匠培养之“神”，提高其可持续发展的能力。

第三节　师承模式：现代学徒制的落脚点

现代学徒制最直观的特征表现为“师徒关系”，师徒关系被定义为一个年龄更大的、经验更丰富的、知识更渊博的员工（师傅）与一个经验欠缺的员工（学徒）之间进行的一种人际交换关系。现代学徒制不能简单被理解为“师傅带徒弟”，这是有别于学校教育制度的显性特征，是关乎人才培养质量的重要一环。因此，师承模式成为现代学徒制的落脚点，只有建立了真正的师承模式，才能称其为现代学徒制；否则，现代学徒制与传统职业教育的“工学结合”“校企合作”“订单培养”等无异。

一、师承模式是现代学徒制的表征

师承模式是指通过师徒之间默契配合，口传心授，将师傅的经验原汁原味地继承下来，并加以弘扬的一种教育方式。在传统学徒制中，手工工场的出现使学徒制在手工业广为盛行。学徒在固定师傅的指导下，经过一定时间的学习，可晋升为工匠；在学习期间，学徒可以参加师傅的生产经营活动，并获得一定数量的工资。18 世纪末 19 世纪初，随着行会的衰落和生产力的提高，传统学徒制不再适应新的生产方式的需要，因而走向了崩溃，师承模式也随之消逝，目前仅在中医药、美术等少数领域存在。

传统学徒制的师徒关系比较单一，以正式“授受”异辈指导关系为主。对于教育的主体之一——教师而言，在传统学徒制中，似乎不存在“队伍”这一说。因为在传统学徒制模式下，师傅通常是个体，就算是行业协会等对于师傅而言，也都是松散型的。同一行业间的师傅之间有交流，但是在教学方面（带徒弟）通常是相对独立的。在学校教育制度下，教师成为一种职业，并且以学校为单位进行划分。对于统一专业的学生而言，有一个相对庞大和固定的教师队伍对学生进行全方位的教育。教师之间因为课程内容的相对独立，所以在教学中也相对独立。例如，在职业院校中，同一专业学生的学习内容被划分为不同类型的课程，如公共课、基础课、专业课等。不同的课程由不同的教师来完成，教师与教师之间在教学管理上是一个团体，但在教学活动中，是相对独立的，各自完成自己的教学任务，不涉及其他课程。在现代学徒制下，师承模式的实现路径是多元化的，可以一对一，也可以一对多，还可以多对多，更多地体现为在教学活动中教师的团队意识和团队力量。基于现代学徒制整合人才培养质量优势与效率优势特性，其师承模式通常是由一个相对固定和稳定的教学团队（项目负责人、学校教师、企业技师、项目辅导员等）来负责相对固定的一个项目班级。在这个项目班级中，既可以采取小组合作的形式，也可以采用一对一或者一对多的形式，组织形式较为灵活，但是这个教学团队和项目班级是固定的。师徒（师生）之间充分接触与了解，教学团队成员之间分工明确、协调合作，有助于生生关系、师生关系以及师师关系的培养，有助于充分发挥情感（心理因素）在技能培养过程中的积极作用。

二、师承模式是工匠精神的载体

工匠精神的传承依靠言传身教，无法以文字记录、以程序指引，体现了旧时代师徒制度与家族传承的历史价值。现代学徒制以工匠精神的培育为切入点，突显现代学徒制培育工匠精神的优势。此优势的体现是以其师承模式为载体的。在师承模式下，师徒关系不仅是一种私人关系，也是一种社会关系，它通常被视为仅次于直接亲属关系的最重要的社会关系，并且往往会维持一辈子。传统学徒制在早期都是父子相传，然后过渡到师傅收养子为徒弟，最后才扩展到一般的师徒关系，这种关系难免保留着父子般的亲密感情，即所谓“一日为师，终身为父”“师傅是徒弟的衣食父母”。学徒对师傅的尊崇往往是心甘情愿的，师徒关系非常亲密，徒弟视师如父，师傅视徒如子，这种情感效应对知识技能的授受和学徒人格的培养发挥着积极的作用。工匠精神也只有通过师承模式和师徒之间长期的亲密相处才能达到耳濡目染、潜移默化的效果。

三、师承模式是人才培养质量的保障

提升技术技能型人才培养质量是现代学徒制的初衷，而质量的提升依赖师承模式的建立。这是现代学徒制对传统学徒制质量优势的传承。

师承模式较之学校教育制度（班级授课制）在人才培养方面的优势主要体现在以下几个方面。一是教学规模适度，师徒互动充分。有研究发现，师徒之间的互动通过认知或情感因素会对动作技能的形成产生重要影响。因此，现代学徒制中师承模式的构建首要解决的问题是缩小教学规模，以确保师徒之间的充分互动。基于校企双方“共生”型关系，现代学徒制充分利用学校与企业的资源，使师徒关系建立在10人左右的规模上，既满足了经济社会发展对人才数量的需求，又确保了人才培养的质量。二是教学方法适宜，个性共性兼顾。在传统学徒制中，师傅既没有进行专业的教育理论学习，也不受外界干扰和限制，通常从自身的技艺操作入手，形成自己独有的一套教学方法，易于因材施教；学徒通常没有经过系统的理论学习，就直接开始接触师傅交给的操作性任务。之后，为适应工业化大生产对技术技能型人才的大量需求，学校开始承担大量的人才培养任务。由此，从理论到实践的教学方法在职业教育中广泛应用，在短时间培养出大量的技术技能型人才，满足了当时的社会需求。现代学徒制下的师承模式，既要兼顾师傅与学徒的个性，便于因材施教，又要考虑社会对人才“质”与“量”的需求。基于此，理论与实践一体化的教学方法适应师承模式的需要，并在实践中得到了广泛认可和运用。三是教学评价科学，出师标准严格。“出师”是对人才培养质量把控的关键环节。在传统学徒制中，教学是师傅与学徒个体的事情，因而教学评价主要依靠师傅个体的经验来判断该学徒是否能“出师”，具有较强的主观性；在学校教育制度的班级授课制模式下，由于人才培养的数量大幅提升，对学生的培养不再是由一位师傅从头到尾一教到底，而是将对学生的培养内容划分为不同的课程，由不同的教师分别授课。因此，此时的教学评价不可能由一位教师来做，而是通过对各自教授的课程的分别评价来体现学生的整体水平。基于校企共商培养方案、共定课程体系、共培师资队伍、共建学习环境、共组订单班级、共施教学过程、共评学生质量、共担教学成本、共享发展成果的现代学徒制发展机制，师承模式下的教学评价（出师）将由学校与企业两个主体共同来承担，既赋予师傅相当的评价权，又符合相应的课程评价标准。

第三章 现代学徒制实施流程

现代学徒制涉及政府、行业协会、职业院校、企业和学生等相关利益主体，面临的环境较为复杂，具有较强的系统性。职业院校是否开展现代学徒制项目，哪些专业适合采用学徒制人才培养模式，企业需要具备哪些条件参与到合作育人，面向哪类学生进行招生招工，这些都是开展现代学徒制前需要思考的。

第一节　确定合作的专业

在实施现代学徒制之前，职业院校需要通过调研了解教育供给和产业的需求、受教育者的需求，明确职业院校人才培养过程中的优势与不足，进而找出对策。在调研之后，职业院校汇总有合作意向的专业特点、教师结构、课程设置、教学过程、质量评价等情况，与相关行业企业人才结构类型需求、职业能力要求、职业资格证书要求、岗位发展要求、专业能力和非专业能力要求以及学生需求等进行比较，明确现代学徒制模式要解决的核心问题。

一、选择适合的专业

职业院校开设的专业要不要采用现代学徒制教学模式，其评判依据是：如果该专业学生进入工作岗位后，只依靠学校的知识学习和实训实验练习，不能满足该岗位的基本要求，不经过二次专业培训学生在当前工作岗位上不能独立承担工作，此类专业建议采用学徒制的培养模式。因为该工作岗位所需的知识和技能只依靠在校的学习无法完全准确掌握，还需要有实际工作经验的师傅才可以传授到位。

在制造业、工艺技能型行业中，技术从入门到成熟所需的周期较长，同时专业的实践性也较强。在校内，实践技能练习时间少于进入该工作岗位所需的最低训练工时。同时场地条件、工作岗位要求在校内无法对现场进行复制，这些因素决定了一些学科和院校的专业要想真正培养人才，必须实施现代学徒制。

适合实施现代学徒制的专业包括以下两类：

1．高精度技工岗位的对口专业

德国的学徒制实践已经证明，制造业技工岗位与学徒制的高度匹配性，源自该种岗位的特点。高精度技工岗位需要具备工匠精神和技能的工人，此类高精度技工岗位对应的专业所培养的技能难以在学校中通过教学来完成。例如，精密加工型专业的学生需要专业人士的指导，并经过大量训练才能达标。现代学徒制是有效培养工匠精神的育人模式，该类型专业如果采用现代学徒制进行教学，学生在真实环境中学习和练习，才可能符合该岗位的要求。

2．手艺传承型专业

手艺传承型专业如陶瓷制作、刺绣制作、雕刻技艺，以及文物修复与保护、制茶工艺、酿酒技术等，校内无法复制真实的工作环境，且有些要素只有在现场才能体验和讲解，在练习过程中又需花大量时间练习、琢磨才能学到其要点。这类专业如果采用现代学徒制式的育人模式，可以让学习者了解到技术细节，通过大量练习，练就一身好手艺，有效减少珍贵耗材的浪费。国家设立非物质文化遗产传承人的初衷，就是希望将这些古老技艺传承下去。很多大师在职业院校担任兼职教师，将学生带到自己的工作坊，亲身授徒，虽然学生一般不多，但这的确是现代学徒制在手艺传承领域的实际应用案例。

随着现代学徒制试点院校和试点专业的不断增多，部分专业所学非所用的状况得到了彻底颠覆。有些专业具有强烈的现场实践性，只依靠校内教学无法将其学科天性发挥到极致。这种专业属性与现代学徒制的关联性可被称为契合度。契合度越高，越适合采用现代学徒制的培养模式。现代学徒制的适用范围是有边界的，不能不加约束地推广。对于已在试点过程中取得了良好效果的专业，尚未开展试点的职业院校可以优先引入并展开推广。对于试点未曾涉及的行业和专业，要从实际出发，去探索其实施现代学徒制后可能带来的收益以及面对的潜在风险。

二、选择合作企业

校企合作虽然可以计划，但是在大多数情况下是以机会为导向的，特别是对于现代学徒制培养模式而言，不仅要考虑企业发展的态势，而且要看企业的合作意愿。

根据德国“双元制”选择合作企业的经验，结合我国有条件、有意愿开展现代学徒制试点的企业情况，在合作企业的选择上要着力考量企业的生存发展需求、自身吸引力和企业的培训能力三个主要方面。

1．合作企业的选择要着力考量企业的生存发展需求

从有意愿并适合开展现代学徒制试点的企业情况看，合作企业应选择那些行业中的大中型骨干企业，最好是地方行业的领头企业。通过现代学徒制试点的校企协同育人，企业得到了所需人才，使企业生产、经营、管理和服务水平得到进一步提高，也提升了企业的形象。更好的企业发展和企业形象又能够吸引到更多的学徒参与到企业的发展中。若不从企业的发展需求，特别是企业对高素质技术技能型人才的需求出发选择合作企业，校企互惠共赢只能是“拉郎配”，可能导致职业教育现代学徒制试点的失败。因此，合作企业的选择首先要着力考量企业的生存发展需求，使之认识到人才需求可以通过现代学徒制试点加以解决。只有校企双方协同育人，学校与企业共同培养人才，学校与企业共同解决企业生存发展问题，才能实现互惠共赢。

2．合作企业的选择要着力考量企业的自身吸引力

合作企业在行业中的影响力和企业形象以及在薪资、福利、职业发展前景等方面的自身吸引力对现代学徒制试点极为重要。选择自身具有较高吸引力的企业作为现代学徒制试点合作伙伴，既是对合作企业负责，也是对学生负责。如果选择的合作企业自身吸引力不足，留不住培养出来的学徒，就会挫伤合作企业的热情和积极性；如果做学徒不能获得好的实习就业机会和职业发展前景，就不会有学生积极参与，使现代学徒制试点工作面临更多的困难和挑战。

3．合作企业的选择要着力考量企业的培训能力

我国现代学徒制试点对企业培训体系（主要是师徒培训计划、组织和管理以及培训设备、设施等软硬件培训能力）提出了较高的要求。目前，我国大中型企业大多建有培训组织机构，拥有具备理论知识和实际操作经验的培训师资，重要的是企业拥有一批能工巧匠、技术能手，作为学徒的师傅，能满足现代学徒制试点对双导师制企业师傅的数量与质量要求，保证现代学徒制人才培养方案和各项制度实施方案的落实，使学徒真正学到课堂上学不到的技术技能和经营管理经验。

现代学徒制试点在合作企业的选择上，还需注意两个问题：一是吸引实力强大、技术先进的国有企业主动参与现代学徒制试点实践；二是建立校企之间顺畅沟通和彼此相互信任的合作机制，深化现代学徒制试点校企合作基础。

第二节　构建适合现代学徒制的运行模式

现代学徒制是一种将企业职业培训和现代学校教育相结合的人才培养制度，是产与教的深度融合。与传统校企合作模式相比，现代学徒制强调校企全方位、持续化和深入化合作，并贯穿于人才培养的全过程。如要实现为产业转型升级提供重要人才支撑的功能，就必须解决构建校企深度合作机制问题：一是要明确校企双方的利益诉求；二是要确定校企之间的权责关系及协作方式。现代学徒制要实现校企深度融合、共育人才的功能，就必须在双方的利益基础上，协调利益主体之间的权责关系，落实校企双方的职业教育责任，实现双赢和可持续发展。

一、建立基于契约的约束与激励方案

现代学徒制建立在合作共赢的基础上，以目标共同、过程共管、成果共享、风险共担为特征，以缔约形式形成相互开放、相互依存、相互促进的利益实体。显然，校企双方利益诉求的界定和平衡是建立校企共同体机制的基础。在校企合作中，企业最大的利益诉求是得到高素质和高技能人才，同时实现企业经济利益的增长和生产技术的提高。职业院校最大的利益诉求是培养符合企业生产、服务和管理一线要求的，掌握理论知识和实操技能的高素质技能型人才。由此可见，虽然校企双方的利益诉求表现出不同的形式，但人力资源是校企利益共同体的基础和核心要素，是实现校企目标和利益的主体。

虽然基于共同的合作利益基础，但是职业院校和企业毕竟属于不同的社会组织，有各自的组织属性和价值追求。因此，校企合作虽是必然的，却不是天然的。现代学徒制有利于发挥企业办学的主体作用，有利于实现校企双主体育人。但是，自国家试点开展以来，大部分企业并没有发挥好育人主体的作用，主要表现为试点企业在校企协同育人方面表现被动，人才培养成本分担机制缺失。由此可见，在现代学徒制试点的实践探索中，企业参与不足与职业教育责任的缺失仍然是突出的问题。究其原因，企业内部的因素是一个方面，表现为企业的逐利性与教育投资回报的长期性之间的矛盾，以及企业社会责任感的普遍缺失；另一方面，校企协同育人责任及分工缺乏制度保障，人才培养成本分担机制不完善是导致企业缺位和影响试点工作推进的重要原因。因此，校企权责关系如果不及时得到解决，现代学徒制的试点成果就会大打折扣。

在现代学徒制办学模式下，校企双方基于合作办学建立契约关系，企业和职业院校作为平等的培养主体，都具有参与职业教育办学的自主权，也承担相应的职业教育责任。

但是，对于二者之间的权责关系为何、内容如何分布，目前在国家法律法规和制度层面未予确认。2014 年颁布的《教育部关于开展现代学徒制试点工作的意见》也只是对开展现代学徒制提出了指导性意见，而对职业院校和企业两个相关主体的身份和地位，以及在实施学徒制中的权责关系均没有做出明确规定。因此，在法律法规和制度保障缺位的情况下，校企双方合作机制要明确合作过程中双方的权利和义务，确定在人才培养过程中双方各自应当享有的权利和承担的责任，真正构建“职业教育校企合作共同体”。

在现代学徒制实践中，职业院校应以契约关系为前提和指导，签订《现代学徒制联合培养协议》，严格规范和界定培养主体的身份和地位——企业主导、学校主体，明确且具体地规定校企双方的权利、义务及相应的违约责任，连同有关法律文件一起对校企双方产生法律约束力，确保现代学徒制下校企双方合法权益的实现和试点工作的质量。

二、明确参与各方的权责

在法律上，“权”和“责”是对等的，有什么样的权利就应当承担相应的责任。现代学徒制基于“企业主导、学校主体”的模式进行合作，校企在确认各自的利益诉求的基础上，以成果共享、责任共担为原则，通过明确各自的权利和义务，构建权责相当的约束机制来实现校企合作的互利共赢。

（一）校方的权利

（1）校方有确定办学定位和人才培养目标的权利，并有根据教育方针政策、市场、企业需求的变化随时调整办学方向和规模、专业设置、人才培养规格、教学制定与实施等权利。作为现代学徒制的核心参与者，校方有确定办学定位和人才培养目标的权利理所当然。职业院校在强化组织制度和运作体制的基础上，可以主动联系合作企业，明确校企双方的功能与定位，开发制定切合企业实际需求的学生（学徒）学习框架。校企联合确定人才培养方案，工学交替，各司其职，各负其责，顺利完成学生（学徒）的培养目标与任务。

（2）校方有创新制度体系、构建校企协同育人的长效机制的权利。在现代学徒制实践中，校企双方要创新合作办学的体制机制，在完善各项制度的基础上，构建全新组织管理体系：一是由学校和企业共同组成理事会，对重大办学事务，如发展规划、专业设置、招生计划、重大建设项目、人才培养方案等进行讨论，做出决策；二是成立现代学徒试点教学工作委员会，委员会由职教专家、企业人员、校方人员共同组成，负责人才培养方案的制订、专业课程与课程标准的建设、教学方式的改革与创新、学生学业评价方式的改革与实施等。通过创新合作机制，实现决策、统筹、协调、沟通、反馈的规范化和有效性，提高工作效率，降低管理成本，形成学校和企业联合招生、联合培养、一体化育人的长效机制。

（3）校方拥有相应教育教学改革的成果，并与企业共享相关知识产权。现代学徒制实践，是当前职业院校教育教学改革的一个风向标，一方面实现了职业院校人才培养质量的提高，另一方面实现了企业生产技术水平的提高和经济利益的增长，同时实现了职业教育校企合作的深层次和长效化发展，这些都是职业教育教学改革和实践的重大成果。在现代学徒制实践中，校企双方还涉及知识产权合作：一是教学资源，如校企合作开发的教学标准、课程、教材、实训实践项目等；二是人才培训服务，如企业员工职业培训、技能考证等；三是科研项目开发和技术援助等。

（二）校方的责任

（1）积极采取有效措施促进行业协会、企业等单位参与现代学徒制人才培养全过程。探索符合校本特点的现代学徒制，制订确实可行的实施方案，是当前职业院校人才培养的一个方向。职业院校要采取有效措施，联动行业企业，结合国家职业标准为学生（学徒）量身定制培养课程，更好地推进“专业设置与产业需求对接，课程内容与职业标准对接，教学过程与生产过程对接，毕业证书与职业资格证书对接”，全面提升技术技能型人才的培养能力和水平，服务行业企业的发展与转型升级。

（2）负责现代学徒制班学生（学徒）的学籍管理和培养过程监控。鉴于学徒制班学生的双重身份、双重学习实践环境、双重考核评价标准，校方在不同的阶段要做好学生（学徒）的学籍管理和培养过程监控工作。具体表现为：校方要负责联系合作企业共同做好现代学徒制班的招生申报、生源审查、考核选拔与招录、学徒协议签订、学生（学徒）中途退出安排、补录等招生（招工）工作。在校学习期间，校方要负责现代学徒制班学生（学徒）的学籍管理和校内学习日常管理。在企业实践期间，校方要负责选聘导师和配备辅导员，协助企业做好学生实习期间的日常管理工作，并保障学生（学徒）的工作环境和权益。

（3）负责现代学徒制试点工作经验的总结与推广。现代学徒制对推进人才培养模式改革、促进专业建设和课程教学改革、加强教师队伍建设、发挥校企双方合作育人优势和积极性等产生了积极而长远的影响，职业院校应及时总结、推广现代学徒制试点工作中的经验和做法，促进理论与实践同步发展。

（三）企业的权利

（1）企业有提出人才培养标准和质量要求的权利。企业作为现代学徒制最重要的参与者之一，也是校企合作的直接受益者，有提出人才培养标准和质量要求的权利。该权利主要体现在三个方面：一是职业教育培养的人才最终是为企业所用，人才培养规格应该体现企业所需；二是现代学徒制强调通过国家职业标准的学习，着重培养职业能力，而职业能力的标准是由企业主导确立的，学徒出徒的关键标准为是否具备企业所需要的职业素养与职业技能；三是企业是现代学徒制培养的主要场所，学徒所学即为企业用人所需，人才培养规格和质量应完全体现企业所需。

（2）企业有参与人才培养全过程和教学管理的权利。现代学徒制实行交替式培训和学习，教学的空间由学校延伸到企业，企业成为学徒制培训的主要场所，学生（学徒）的培养规格要完全体现企业所需，企业全方位、深层次地参与人才培养过程。在现代学徒制实践中，学校要让渡一定的教育主导权和话语权，给予企业教育管理、教学过程实施、考核评价等权利，激发其承担相应的职业教育责任，进一步推进校企深度合作。

（3）企业拥有相应技术成果和知识产权。在现代学徒制中，校企深度合作，一方面可以为企业培养实用型人才，为企业进行技术创新提供基础；另一方面，可以利用现代学徒制办学模式参与企业技术研发，实现企业生产技术水平的提高。企方和校方、企方与学徒等共同拥有与现代学徒制相关的成果和相应的知识产权。

（四）企业的责任

（1）企业有参与招生和学徒管理的职责。校企联合招生、联合培养是现代学徒制的重要特征，学生同时具有“学生”和“学徒”的双重身份。企业作为重要的培养主体之一，具有和职业院校同等的招生（招工）的职责。此外，在学制内，学生大部分时间会在企业具体工作岗位上进行职业技能训练，企业必须对其进行有效管理，制定有效的制度和措施对学徒的人身安全、实践环境、用工保障、考核评价、薪酬待遇等进行综合管理。校企双方可签订《现代学徒制联合培养协议》，明确现代学徒制试点内容、校企人才培养权责、联合工作机制、学生（学徒）权益保障、毕业与就业等事项，规定企业要为学徒配备帮带师傅，建立学徒成长档案，并从制度上明确师傅选拔标准、学徒指导规范、考核评价体系及奖惩等机制，把学徒管理的责任落在实处。

（2）企业有提供良好用工环境，合理保护现代学徒制学生（学徒）权益的责任。在现代学徒制背景下，学生与用人单位形成“准劳动关系”，有权提出其劳动权益保障问题。企业有责任为学徒提供良好的实践条件和工作环境，保障学生在参与现代学徒制培训期间获得相应教育培训和薪酬的权利，并落实相应的保险救济制度，如学徒的责任保险、工伤保险等，确保学徒的劳动权益和伤害赔偿权益得到最大救济，保证人才培养任务顺利完成。

（3）企业应提供具有教育价值的学徒岗位，并增强履行职业教育责任的意识。现代学徒制不是为企业提供廉价劳动力，也不是培养学徒掌握没有技术含量的简单工作技能，企业必须提供具有教育价值的岗位供学徒进行职业素养和技能训练。职业院校应根据技术技能人才成长规律和工作岗位的实际需要，制定人才培养目标，为学生提供工作岗位，设定培养路径，确保学生招工与招生以及人才培养的可持续性。在学生在岗学习过程中，校企共同管理，建立有效教学组织和校内外培养衔接机制，制定岗位实践标准、企业帮带师傅标准、教学质量评价和质量监控体系，使学生在学制内完成从学徒到员工的转变。

第三节 探索招生招工路径

一、现代学徒制的招生招工模式

实施现代学徒制人才培养必须进行校企联合招生招工，这是因为：第一，只有进行联合招生招工，才能确定现代学徒制模式下学生的双重身份；第二，只有进行联合招生招工，才能规范企业和学生（学徒）关系，才能明晰学校和企业合作模式，界定学校、企业和学生（学徒）三方各自的权利、责任和义务。根据招生招工的时间先后顺序，现代学徒制的招生招工模式主要有以下三种：

（一）先招工后招生

这种招生招工模式是企业和学校签订联合培养协议，由企业自行招收符合规定条件的员工，企业招聘到合格员工，并和员工签订相关用工协议、培养协议，然后将招聘的员工送到签订协议的学校，使其成为学校的学生，接受其培养。培养内容和程序由学校与企业签订的培养协议规定，企业也在一定程度上参与培养。学生在完成规定的学习内容并经考核合格后，即成为企业正式员工。这种招生招工模式的最大优点是企业有招生招工自主权，可以激发企业的参与热情，招募适合企业要求的员工。另外，学生由企业招募，其对企业的认同度较高，在应聘时学生也知道要进行相关的培训学习，培训学习结束后到企业工作的积极性较高，其工作的稳定性以及对企业的忠诚度也较高。

（二）招生招工同步进行

这种招生招工模式是学校和企业签订联合培养协议，双方共同招生，共同培养。这种招生招工模式的特点是学生在求职和入学之前就清楚学校和企业的合作项目，并愿意参与这个项目。学校在招生时将现代学徒制项目推介给学生，学生报考时决定是否参加现代学徒制班，企业参与学生的考核和录取等相关环节，学生入学时即具有学生和学徒的双重身份。采用这种招生招工模式的前提是学生及其家长对现代学徒制人才培养模式较为熟悉，学生及其家长对现代学徒制人才培养目的、培养过程以及学生享有的权利和承担的义务有清晰的认识，学生对现代学徒制规定的职业认同度、企业认同度和岗位认同度均较高。

（三）先招生后招工

这种招生招工模式是学校先根据招生制度和招生程序录取新生，待学生入学后由学校和企业进行宣讲，对现代学徒制人才培养特点、培养过程、企业和学生的权利义务，以及企业提供的岗位、待遇、职业发展规划等内容，向学生进行详细讲解，招募愿意参加现代学徒制人才培养的学生，由校企双方按现代学徒制人才培养模式进行培养。这种招生招工模式要求企业提供的岗位、待遇等有足够的吸引力，能够吸引比较多的优秀学生供企业选拔组班。

二、招生工作流程与内容

按照既定规模完成招生任务，录取的学生与企业需求是匹配的，这是招生工作的目标，简单讲就是有规模、质量好。此项工作从申报招生计划争取招生指标开始，到学生报到入学结束。

据统计，2014—2018 年，超过 50%的现代学徒制项目存在报考人数不足的情况，招生计划指标大面积流失。即便是对那些具有良好社会声誉的学校和企业，学生和家长的反应也未必积极。要遴选出与企业需求相匹配的学徒更不是一件容易的事情，在有些现代学徒制项目中，学生报到入学后不愿意去参加岗位实践，甚至集体投诉到教育主管部门。这充分说明现代学徒制招生是充满压力和不确定的工作。

如果仅仅将现代学徒制招生理解为“走流程”，而不是设法提升在招生市场的竞争力与增进同生源渠道之间的联系，那么结果必然很难令人满意。

现代学徒制并不适合所有人，但对于一部分人而言是一次宝贵的求学、立业的机会。招生工作就是要用更精准的方式找到这群人，并与之进行充分沟通与互动，让其建立对现代学徒制的自信，并在入学前为这段学习经历做好准备。

1．根据生源动态优化招生策略

随着职业教育体系改革的深入，在职（社会）人士或许会成为另一个重要的生源。人口结构、教育政策以及劳动力市场结构等因素会影响现代学徒制的生源供给。现代学徒制实施单位需要结合岗位人才培养对生源的具体要求，关注生源规模与结构变化，适时调整招生策略。

2．学校和企业要联合作战

现代学徒制从拟订招生计划到学生报到入学，校企之间的合作要贯彻始终。在每一个与学生及相关人员的触点，学校和企业都应当同时出现，尤其是在拟订招生计划、设计考试方案、面试、签约等关键环节，企业需要充分表达自己的意见。当然，代表学校或企业出场的具体形式需要酌情而定，可以是人员、宣传材料、制度文件、试卷等。

3．主动走近学生

现代学徒制招生对企业而言是选育人才的第一个环节，规模需要考虑，学生是否适合企业岗位工作对人的基本素养的要求同样重要。因此，企业和学校要主动划定生源范围，并尽可能提前与学生接触。在供给决定需求的教育市场，传统的招生是守株待兔式，这种方式对现代学徒制并不适用。

4．沟通以“学”为中心

招生与招工同步是现代学徒制人才培养模式的基本特点之一。此处的招工与在劳动力市场的招工有根本的不同，这里的招工是招“学徒工”，即通过学徒培养能在未来成为企业员工的人。所以，无论是招生还是招工，“学”都是其中心内容。在宣传、咨询、对话等沟通环节，校企双方都要凸显“学”的成分，让学生与家长清楚地了解现代学徒制的教育功能及其实现方式。

5．保证报到率

报到率是证明招生工作成败的关键指标。学生同意报考现代学徒制并不意味着一定来参加考试，学生拿到录取通知书也未必一定会报到入学。招生工作在学生填报志愿后需要进入第二个阶段，即强化影响。在学生被录取后，招生工作需要进入第三个阶段，即维护与巩固同学生的关系。

三、用契约约束和保护参与方主体

契约一般是指个人通过自由订立协定为自己创设权利、义务和社会地位的一种社会协议形式。在现代经济社会活动中，契约是协调双方或多方合作的最好方式，鼓励缔约各方恪守承诺，在承担责任的前提下谋求利益。契约精神是现代社会最基本的文化，是组织与组织、组织与个人、人与人合作的基础。

（一）现代学徒制中的主要契约关系

现代学徒制通过培养行为及就业协议把学校、企业、教师（师傅）、学徒四个主体紧紧连接在一起，形成人才培养共同体，缔结教育、合同、劳动等多重的法律关系。

1．学校与企业之间的契约关系

现代学徒制的目标是校企联合培养企业所需的人才。校企开展现代学徒制合作的内生动力源自解决校企双方关注的人才培养利益问题。学校积极参与现代学徒制的目的在于寻求专业人才培养新模式，提高专业师资水平和学校办学水平。企业积极参与现代学徒制的目的在于获得符合企业用人需求的员工，减少人力资源管理成本。于是，学校和企业基于精准化合作育人建立契约关系，规定学校、企业各自的权利和义务。校企契约合作的主要内容：一是共同投入，如学校提供生源、资金、师资、教学场所与设备等，企业提供生产岗位、师资、生产设施设备、资金等；二是共同管理，校企共同制订人才培养标准和方案，联合招录学徒，交替开展理论和实践教学，共同实施学徒考核和评价等。

2．企业与学徒之间的契约关系

招生与招工结合是开展现代学徒制的核心要求，所以学徒应该是现代学徒制项目主体中最大的直接受益者。现代学徒制通过契约连接了企业和学徒，使学校人才培养直接对接企业用工需求。通过学校教师和企业师傅的“双师”培养，学徒能更好地获得专业知识和技能，储备就业和职业发展能力。企业与学徒的契约关系既不是单纯的劳动雇佣关系，也不是单纯的教育服务关系，而是教育、雇佣及服务关系的融合。在现代学徒制实施过程中，企业为学徒提供实习实践的平台，承担学徒技能培养的主要任务和责任，拥有甄选、培养、留用学徒的权利及对学徒从事生产性劳动所创造价值进行分配的权利，同时也负有保障学徒实习期间的补助、休息、劳动保护、工伤保险等义务。学徒享有获得企业师傅指导、技能岗位培训以及其他方面应有的劳动保障的权利，同时也负有遵守企业制度和纪律、服从企业岗位安排、接受企业考核等义务。

3．教师（师傅）与学徒之间的契约关系

在现代学徒制中，学徒面对两种形式和内容的师徒关系，因此学校教师、企业师傅都承担着相应的责任和义务。一方面，现代学徒制是一种职业教育制度，意味着学校与学徒之间存在教育服务的法律关系，学校有权对学徒进行与教育相关的管理，学校教师自然地与学徒产生教育与被教育的义务。学校教师主要承担学徒理论知识的传授，培养学徒未来职业发展的能力。另一方面，现代学徒制的在职培训属性意味着企业与学徒之

间存在员工培训的法律关系，企业负有安排师傅对学徒进行培训的义务。企业师傅与学徒都是平等的主体，并非传统学徒制中的那种学徒依附师傅的雇佣关系，他们之间培训与被培训的关系常常表现为岗位分工的合作关系。企业师傅以团队领导的身份寓教学于工作，既向学徒传授显性知识（如工作技能、规范、流程等），又通过言传身教让学徒领悟职业操守、工匠精神等隐性知识。

（二）推进现代学徒制契约关系的可持续发展

目前，在现代学徒制法律关系不完善、全国统一标准缺失的情况下，倡导自由、平等、尚法、守信的契约精神，完善利益共享、互惠合作的契约关系，是调动学校、企业、学徒、教师（师傅）等主体的积极性和创造性、推动现代学徒制有序和可持续发展的可行之路。

1．厘清校企合作权责边界

现代学徒制是学校教育和企业培训相融合的跨界人才培养模式，涉及各办学主体的利益，互利共赢是校企契约关系建立的基石。现代学徒制要走规范化道路，校企以培养成果共享、教育责任共担为原则，明确各自的人才培养权利和义务。一方面，校企要确定合作边界，完善利益风险承担机制和保障措施；另一方面，校企要在合作协议中明确人才培养目标和标准，细化学徒的招录选拔、教学管理、考核评价、师资配备等可操作性内容。通过权利、义务的设定，促进学校和企业自觉履行现代学徒制校企合作协议，从而提高协议的执行效率和实施效果。

2．遵循自由平等的价值导向

在现代学徒制的所有关系中，最核心的是学校、企业、学徒三方关系。现代学徒制必须签订三方协议，规定各自的权利、义务和违约责任。除此之外，通过制度、规定或者协商的形式在学校与教师之间、企业与师傅之间补充、细化具体的培养内容。信息对等是保证契约公平性的重要保障，在三方协议订立过程中应充分考虑企业、学徒的付出与公平性回报。企业、学徒对信息的掌握程度决定了其参与现代学徒制的积极程度，如企业关注投入多少成本、有无政策补偿、学徒可以创造多少价值、学徒毕业后是否愿意为企业长期工作等；学徒关注赴企业学习的知识与技能、实习的工作环境和内容、学徒期间的薪酬、就业后的薪酬、职业发展规划等。因此，现代学徒制的实施要有相应的政策和经费保障及补偿机制，选择有意愿、有能力的企业、学生来参与，避免“拉郎配”。企业和学徒在充分认识现代学徒制权利和义务的基础上自愿建立契约关系，同时为了保证契约的严肃性，在信息对称的前提下提高三方主体的违约成本。

3．打造师徒学习共同体

师傅的能力和职业素养决定了学徒的学习成果。在现代学徒制中，学徒尽管有“企业学徒工”和“学校在校生”的双重身份，但是更侧重显示在校生的身份，同时师傅也只把指导学生看作其附属职责。因此，如何激励和保障师傅参与现代学徒制的积极性，将直接影响学徒的培养质量。学校教师和企业师傅通过兼职、特聘、双向聘任等方式跨界合作，形成师资团队，以协议约定方式在师傅团队中建立项目合作和利益分配机制，明确师傅参与现代学徒制教学活动的权利、义务以及违约责任，如课程教学设计与实施、实践教学设计与实施、学徒工考核与评价等内容。在教学过程中，师傅既要传授理论知识和岗位技能，又要传授职业素养、企业文化。随着“互联网＋教育”的推广，学徒在开放的学习环境下可以通过多种路径获得学习资源，师傅不再是唯一的或者最具权威的知识和技能的来源。在此背景下，学校和企业都应完善相应的激励保障机制，建立师徒学习共同体的契约关系，维系良好的师徒关系，促进师傅与学徒的能力共同提升。

第四章
现代学徒制人才培养与考核

我国近些年开展了顶岗实习、订单培养和工学交替的改革与实践，并在此基础上探索了实施现代学徒制的人才培养模式。经过几年的探索和实践，已初步形成具有我国特色的现代学徒制人才培养模式，成为我国职业院校人才培养模式改革的一个创新点，为我国职业教育增添新的活力，也为企业招工难、留人难找到了新的解决途径，解决了现阶段职业教育的发展瓶颈问题，也促进职业教育与我国经济发展相适应，推动校企深度融合。如何制订出一份让企业、学校和学生都比较满意的人才培养方案，是各个实施现代学徒制人才培养模式的专业所面临的共同问题。

第一节　校企共同制订人才培养方案

现代学徒制人才培养是以校企合作为基础，以工学结合为核心，以岗位培养为根本的新型工学结合人才培养模式的实现形式。在制订人才培养方案时，学校要与合作企业根据技术技能人才成长规律和工作岗位的实际需要，共同制订人才培养方案、开发课程和教材、设计教学过程、组织考核评价、开展教学研究等。

一、人才培养目标

现代学徒制人才培养的目标定位非常重要，关系到学生培养的质量与企业对人才的实际需求。应坚持“立德树人”，坚持社会主义核心价值观，充分结合职业标准和专业教学标准，融合具体企业的岗位标准，制定分阶段的学徒制人才培养目标。

（一）坚持“立德树人”的目标，培养学生高尚的精神内涵

党的十九大报告提出“要全面贯彻党的教育方针，落实立德树人根本任务，发展素质教育，推进教育公平，培养德智体美全面发展的社会主义建设者和接班人”。职业教育应该从单纯地重视知识学习，转变为重视价值观的教育；从传统的学科教学走向综合育人；从孤立的道德教育走向所有任课教师参与育人，走向教学全过程育人。怎样培养

高技能人才？培养什么样的高技能人才？那就是从死板的知识传递走向培养具有完整人格的人。学生发展核心素养是今后职业教育课程教学改革的核心，要始终以培养学生适应终身发展需求和社会发展需要的必备品格和关键能力为重要任务，开启素质教育新的阶段。

（二）坚持“工匠精神”的目标，培养学生精益求精的理念

所谓工匠精神，是指工匠对自己的产品独具匠心、精益求精的理念，在工作中做到一丝不苟、耐心、专注、专业、敬业的一种精神品质。职业教育培养的高技能人才作为当今新时代工匠，不仅承载着新的历史使命和社会责任，而且其工匠精神在继承传统的基础上还被赋予了更多新的内涵。首先，培养学生的热爱精神，热爱生活，热爱职业，热爱企业。工匠不仅要懂得通过双手创造产品，更应该享受创造产品的全过程。其次，培养学生坚持学习，不断钻研创新、精益求精的精神。随着科技的进步和产业的升级，新技术、新产品、新设备更新迅速，要求学生具有不断学习钻研的精神，尤其对于新行业，更需要学生具有超高的技术，与此同时，更要有精益求精的态度。

（三）坚持“职业标准与教学标准”相一致的培养目标

职业标准是职业教育培训课程开发的依据。开发制定职业标准，可以很大程度上提高从业者的综合素质，并且引导职业教育与在职培训的针对性、合理性、有效性，还能促进学生的就业。随着科技的进步，各个行业的发展都比较快，技术不断更新迭代，客户群体对产品及服务要求越来越高。相比而言，职业教育专业课程内容与职业标准出现了不一致的现象。这就要求职业院校重新定位教学的培养目标，使教学标准与职业标准对接。职业院校可采取到企业实际调研的方式，细分工种，细化每个工作的职业要求和技能要求，对照职业标准制定详尽的教学标准，开发或修订课程体系。在校企共同协作下，研究制定基于工作过程的专业课程体系，使得课程体系更加具有针对性。

二、现代学徒制人才培养课程

现代学徒制要求学校课程与企业课程并重，学校课程注重培养学生的专业理论素质，企业课程注重培养学生的动手实践能力，两者贯通融合、有效衔接，课程的实施由校内教师和企业技术能手共同开发和承担。在这种背景下，课程体系开发的目标包括以下几个方面：第一，更加重视企业对学生的职业技能诉求，使企业成为学生职业能力养成的参与者。学校对学生培养的终极目标是实现就业，课程体系的设计中不仅应该包含学校的教育理念，也应该包含企业自身的人才需求观念。课程体系由学校和企业双方共同设计，要充分理解企业对学生职业技能的期望，将企业对学生职业能力和水平的要求

贯彻在日常的教学中。第二，强化实践技能在理论教学中的地位与作用，让理论知识落地。在现代学徒制的教育背景中，“工学结合”，尤其是以实习为主要手段的工作场景中的技能和实践学习变得非常重要，在实习中，学生有更多的机会锻炼自己的实践技能，有助于加深对理论知识的探索和理解。教学和实习相融合的课程体系有助于学生理论知识学习和实践技能锻炼的相互转化和促进。第三，破除现有实习模式中的时间限制，强化“师傅”的教学功能。传统的校企合作多数采用阶段性实习的模式，教学过程与实习过程截然分开，学生在离开学校进入企业后面临工作环境陌生、工作内容繁杂的问题，往往出现在实习渐入佳境时就面临实习结束的尴尬情景。现代学徒制的课程体系将融合企业人才培养的有力措施，增加学生岗位实践的时间，建立学生与师傅之间多对一、一对一的指导关系，让有实践经验的企业人员为学生提供必要的指导，提高学生实践学习的质量。

《国家中长期教育改革和发展规划纲要（2010—2020）》指出，职业教育实行工学结合、校企合作、顶岗实习的人才培养模式，许多职业院校在积极探索适合的现代学徒制的办学模式，以及课程体系建设实践。

1．以企业需求为导向丰富、更新课程内容

当前，我国职业教育的课程体系普遍存在内容陈旧、实用价值不强，以及理论性过强、容量过大、职业技能训练内容缺少的问题。在现代学徒制课程体系建设过程中，充分参考企业在人才培养体系中不同岗位、不同层级人才职业技能及能力规划调整理论课程体系设计。必胜客餐厅在员工培训及成长中设置了完备的职业规划体系，设立了从储备经理到餐厅经理，再到市场总经理的能力提升课程。连锁专业即以其能力目标为导向，更新课程内容，摒弃一部分与能力培养关系较远的课程，并添加企业经营文化的内容，形成了旨在全方位提升学生品质管理、服务管理、人员管理、利润管理、平衡经营能力的课程设置。

2．深化“引企入校”改革，以企业实践为标准创新课程形式

职业教育长期以来存在人才培养特点不突出的问题。在课程设置中，实践课程与理论课程的比例对于学生实践能力的培养有较大影响。对此，一方面要加大实践课程的比例；另一方面要与企业合作，在实践教学中借助信息化，帮助学生实现理论与实践的结合。借助企业完善的网络管理平台、学习平台以及线下实习平台进行系统稽核，校准实训品质，做到线上与线下结合，理论与实操结合，提高课程的训练效果。

3．植入企业课程，完善课程体系

当前知识体系增长迅速，人们提出了“门类化”“系统化”的知识管理和传输方式。对于实际运用而言，这些被划分的知识体系应该是相互依存相互联系的。学生的心理发展和对世界的认知也是综合性与完整性并存的。企业课程具有实践性强的特点，以岗位为依托，综合运用理论课程中的多门类知识，实现了“以岗定学”，学生既学习新知识，也在运用之前学到的理论知识，突破了“门类化”的局限。

4．以企业资源为基础优化课程结构

在现代学徒制教学实践中，实践教学的场地一直是职业院校增加实践教学比例的制约条件之一。职业院校可在校企合作协议中与企业约定，企业为学生提供实践教学的场地及部分师资，使学生的实习实践与专业课学习充分融合，课程结构得以优化。职业院校可采用轮转制的课程结构体系。轮转制课程包含技能培训模块以及企业导师培训课程模块等，能够满足企业对基本岗位及管理岗位人才培养的知识需求。分散在不同学期中的现场教学及实习为理论学习提供了知识转化的场所，有助于教学效果的提升。

三、岗位实训

职业院校的实训基地对真实的生产装置、工艺、生产场景、操作、生产系统进行了教学化改造，以相对真实的生产数据和生产系统，模拟生产过程，但实训过程相对单调，容易使学生疏忽规范操作，轻视安全操作，缺乏团队合作，学生很难真正融入生产实践中去。结合现代学徒制的理念，引进实际工厂的企业化管理机制，制定详细的规章制度，严格要求学生和教师转变企业员工角色，进入企业职场环境，需按企业技术、质量、安全规范开展工作，践行“6S”（整理、整顿、清洁、清扫、素养、安全）活动，做到“设备生产化、环境真实化、管理企业化、教师技师化、学生员工化”，提升学生的职业素养和操作技能。

当前企业中存在诸多工种，他们各司其职，通过各工种的配合，方可执行生产活动。单一工种的培养会让学生忽视各工种之间的联系与配合，从而在入职后仍需经过企业培训找到自身的发展方向，进而认清自我发展，使得生产实训流于表面。通过创新实训模式，带入现代学徒制，将学生带入企业各个岗位，熟悉、掌握各岗位相应工种的职责、规范、操作。通过合理的分配，将学生分成不同工种，借鉴企业管理，再现真实生产过程，开发工种群，淡化理论教学，强化动手操作，启发学生理解各岗位的有机联系，了解生产的各个环节，在团队协作中学会融入群体，加强爱岗敬业、责任心的锻炼。

当下处于信息时代，学生接受知识趋向于“短、平、快”，大段冗长知识的讲授会使得课程的接受度较差。实训环节本应以动手操作为主，但仍有大量的理论课程，教师与学生的互动也停留在理论教学上，学生的主动性未得到充分发挥。结合企业工种划分的依据，对学校实训中心的实训装置群进行功能完善与细化，将实训工艺知识碎片化、数据化，结合企业生产过程及人文关怀、职业素养养成等方面开发相应微项目，形成实训菜单，再通过微项目串联起实训工种技能训练任务，最终发散至整个工艺过程，以职业素养养成目标为主干，通过各工种微项目的串联形成树形结构的实训体系，从而反哺实训教学，让学生通过实训体系的微项目，有的放矢地增强自身的岗位技能，为今后的工作打下坚实的基础。

生产的特殊性使得实训过程无法真正意义上实现真实生产。当前的实训环节大多对仿真教学以及半实物模拟方面进行研究，涉及的操作机械化、程序化无法为学生渲染出企业生产的真实情境。目前的 AR（Augmented Reality，增强现实）、VR（Virtual Reality，虚拟现实）技术的发展，能够让实训过程更真实，结合实训装置的现场配置，重现设备的内部结构、运行过程以及生产事故等生产场景，对实训任务进行具象化开发。每个实训任务需完美匹配与之对应的生产场景，通过视觉上的冲击，增强实训的趣味性。

时代的变迁、技术的更新、学生素质的提高，对教学模式形成了巨大的冲击。转变实训任务的完成模式，通过闯关式的游戏任务，将实训任务进行优化重组，通过闯关过程的不断激励，引导学生不断探寻新知识、新技能，提升学习兴趣，增加自身的认可度，在做游戏的过程中积累岗位技能。

在信息时代下，技术日新月异。将新技术应用于实训活动中，形成完善的实训体系，可以大幅提升学生实训的体验度、认知度、接受度，转变学生对企业生产的认识，理解当前的智能制造，从而更好地培养高技能人才。

第二节　探索现代学徒制教学管理与实训基地建设

在经济发展新常态下，职业教育如何更好地为经济发展和产业升级服务，为地方和企业输送更多的适用型人才，这对职业教育人才培养改革提出了迫切要求。为此，教育部在 2012 年工作要点中开始提出现代学徒制试点，2014 年为贯彻《国务院关于加快发展现代职业教育的决定》的要求，出台了《教育部关于开展现代学徒制试点工作的意见》，部署了全面推进试点工作，并要求贯彻全国职业教育工作会议精神，深化产教融合，完善校企合作育人机制，创新技术技能型人才的培养模式。在现代学徒制试点中，职业院校与合作企业签订现代学徒制联合培养协议，校企双方围绕“双主体”育人、“双身份”

学习、“双导师”教学、“双交替”实践、“双主体”评价等新的培养方式，在教学组织与管理方面进行了探索与实践。

一、现代学徒制教学的组织与管理

（一）建立校企共管的组织体系

在现代学徒制试点工作中，职业院校与合作企业签订现代学徒制联合培养协议。为加强管理和指导，组建校企共管的教学组织体系，成立试点工作领导小组，组成日常管理小组，明确校企共管的各方职责。领导小组定期会商，对工作任务、计划以及经费筹措和使用等进行规划，确定建设目标及内容，对重大问题进行商议解决，对项目组织、实施、评估等进行宏观指导；对具体工作进行督促和指导，制定相关的管理制度，组织和协调各方资源，督察项目的进展情况，总结交流经验，确保试点工作的顺利推进。日常管理小组负责具体工作的实施，实行校企专业带头人及导师二级管理，负责实施过程的教学、管理和协调，对日常工作进行具体操作，对项目进行检查和反馈，收集整理材料，完成预期的工作任务和目标。

（二）建立校企共育的培养机制

现代学徒制试点的核心内容是人才培养模式的改革。职业院校与合作企业依据工作岗位的需求以及技术技能型人才成长的规律，共同制订人才培养方案、共同构建课程体系、共同开发课程及教学资源、共同组建导师队伍、共同评价培养质量。其中，专业知识和基础技能的教授由学校承担，岗位技能的培养由企业师傅通过带徒形式实施，实现校企共育。

1. 校企共同制订人才培养方案

现代学徒制人才培养是以校企合作为基础、以工学结合为核心、以岗位能力培养为根本的培养模式。在制订培养方案时，围绕企业发展和产业转型升级的需要，校企双方结合各自的优势，依据职业技术领域和岗位任职的要求，对培养的目标、内容、形式及管理等诸多因素进行准确定位，针对核心岗位的知识、能力、素质的要求，对岗位职业能力进行分析研讨，在专业标准、课程标准上双方达成共识，共同制订人才培养方案、教学计划和进度，优化培养全过程，以满足企业需求。课程体系是教育的准绳，体现人才培养的质量和规格，其设置凸显以人为本、以素质教育为特色，强化学习的职业性。所以校企双方广泛调研，对不同岗位所需的能力进行提炼、分析和整合，确定行动领域和典型工作任务，对课程体系进行设计和构架。依据能力发展的四个层次（人文素质、基础能力、职业能力和拓展能力）设置素质课程、识岗课程、跟岗课程、顶岗课程以及职业发展课程五大模块。人文素质包含政治、职业素质等；基础能力包含专业基础知识和技能，与具体岗位关系不大，是创造性工作所必需的能力，为学校课程；职业能力是进行岗位工作所必需的能力，与工作任务一一对应，为企业课程；拓展能力是职业发展所必需的横向和纵向能力提升。校企共同组成课程开发小组，针对岗位职责及岗位标准，制订课程标准，开发课程资源，编著教材，将素质课程平台化、基础课程专业化、专业课程案例化项目化，将技术理论与技能实训有机融合，使理论融入技能，做到前后衔接、循序渐进，确保教学内容在人才培养上有整体的连贯性和目的性。

2．校企共同管理人才培养过程

科学有效的教学组织与管理是现代学徒制试点工作的重要保障。在人才培养过程中，校企根据学徒制的特点共同制定日常教学管理制度，制定学徒管理办法，确定各方的管理职责，构建教学运行与质量监控体系，加强过程管理，实行校企共育共管机制。学徒制人才培养实行工学交替的育人模式，根据企业实际生产情况，安排实践教学计划和进度，采用旺工淡学的教学组织形式，落实学徒岗位，安排工作任务，实施企业实践与学校学习交替进行，双方共同强化实践环节的组织与管理，结合生产安排，完成相关课程的学习及实训。学徒实践环节具体设置为：第一、二学期入企进行 0.5～1 个月的“识岗”见习，第三、四、五学期入企进行 1～2 个月的跟岗实训，第六学期入企进行半年的顶岗实习。在企业的整个实践环节偏重岗位技能训练，并使理论知识贯穿于其中。他们既是学生，又是学徒，双重身份决定了他们必须完成学习和工作的双重任务。在人才培养各环节中，强化校企共同实施和共同管理，如学生做毕业设计时，校企导师共商命题，教师负责理论的指导，师傅负责技术路线设计及指导。由于生源入校前的层次不同，在教学实施过程中，导师做到因材施教，确保现代学徒制人才培养的质量。

3．校企共同建立导师队伍

校企共建导师队伍是现代学徒制试点工作的重要手段。学徒制的人才培养实行“双导师”的教育模式，学校教师和企业师傅共同承担学徒的教育教学任务。改革学校现有的教师聘任制，制定专兼职教师的聘用与管理制度，深化学校与合作企业专业技术人员的互聘互用机制，加大双向挂职锻炼以及横向联合的技术研发力度。在合作试点企业中选拔技术骨干担任学徒制班的师傅，师徒按 1∶3 进行配比，3 名徒弟配备 1 名师傅，确定师傅的任务和待遇，年终对师傅承担的教学任务进行考核，并将其纳入企业评价，师傅享有带徒津贴的补助。同时加大企业的师资培训，探索在企业师傅中培养教育教学能手，学校专任教师必须到合作企业进行专业实践或技术服务，其成效被纳入教师的年终考核，并作为专业技术职称评聘的重要依据，培养专任教师成为为企业服务的技术研发能手，建立和健全“双师”队伍的绩效考核制度和奖罚制度，组建具有学校和企业的“双重身份、双向服务”的导师队伍，服务于学校的人才培养，服务于企业的技术研发。

4．校企共同评价培养质量

校企双方基于现代学徒制的人才培养模式，共同构建新的考核评价体系，建立多方参与的评价考核机制。学校与合作企业共同组建教学质量评价主体，共同制定质量考核标准，在关注学徒学习成绩和岗位技能的同时，把学徒的自主学习、自我管理、团结协作以及创新能力等职业素养列入考核指标并实行量化，再结合学徒自评、教师、师傅、企业等多方评价，得出综合评价结果。引入第三方评价机制，由企业、行业和第三方机构对学徒进行考核，专业理论与职业技能的终结考核与国家职业资格考核对接，结合过程评价和结果评价，实现多元的评价主体和评价形式。建立定期检查评估、适时反馈等形式的质量监控机制，构建校企双方“教管学”满意度的评价体系，形成科学的目标评价及反馈体系，对教学实施过程出现的问题进行及时反馈、协商、调整以及优化教学设计和计划，使教学内容与企业岗位需求更吻合、更贴切。利用“互联网＋”技术建立信息化教学平台，实现实时监控和互动式教学，及时检查、反馈和评价学徒的实践效果，使学徒对专业知识的学习更自主，对技术的掌握更牢固，起到支撑和辅助岗位实践教学的作用。

（三）建立校企共管的保障机制

1．组织保障

校企双方整合资源，共同组建现代学徒制试点工作领导小组，确定主体双方的各自职责。合作企业负责学徒岗位的安排、实践环境与条件的设置、企业师傅的选拔和培训、实践过程的教学指导与管理等工作。学校负责学生的学籍管理、校内教学的运行与管理、学生学业的考核以及毕业证书管理等工作，实行各主体责任制，定期召开协商会议，解决试点工作过程中出现的问题并及时修正，协调相关部门的工作，确保试点工作的顺利运行。实践环节由企业车间领导及专业领导、专兼专业带头人、校企导师具体实施，建立学徒双导师制，构建“双师”队伍，实行校企互聘互兼制度，建立灵活的人才流动机制，为学徒制试点工作提供组织和人员保障。

2．制度保障

职业院校与企业共同商讨与学徒制相适应的教学管理制度和实施办法，规定校企双方共管的职责，确定相关工作人员的责任，科学规范教学组织与实施过程；建立企业师傅的激励机制，规范项目资金的使用与管理，使之合法合规；保障学徒的合法权益，支付学徒合理的劳动报酬，落实学徒的工伤保险等保障制度，确保学徒的人身安全，实现三方互惠共赢。

3. 经费保障

合作双方为使试点工作顺利开展，共同设置专项经费，实行多元投入，主要由财政和企业两部分的投入资金组成，经费使用严格遵守财务制度以及项目的经费预算，进行独立核算，确保专款专用和专账管理。

二、实训基地建设

（一）建设原则

1. 坚持服务人才培养原则

现代学徒制实训基地建设必须坚持服务人才培养原则，实训基地的建设必须能够满足专业人才培养的需要，同时实训基地的建设和实训项目的开设必须服务于专业人才培养的需要，特别是校外实训基地的建设和实训项目的开展。不能安排与专业人才培养无关或关联度不大的实训项目，更不能把现代学徒制学生在校外实训基地的实训作为解决企业用工紧张的手段或降低用工成本的措施。

2. 坚持校企共建原则

现代学徒制人才培养的特点是校企双主体育人，合作企业是现代学徒制人才培养的主体，承担着较为重要的人才培养任务。现代学徒制实训基地建设必须坚持校企共建的原则，只有这样才能充分发挥企业的育人主体作用，才能充分利用企业优质的生产性实训场所和优秀的指导师傅，才能提升实训基地的建设质量和使用效率，才能使培养的学生真正符合企业的需要，同企业无缝对接。

3. 坚持仿真和全真相结合原则

全真的实训基地对于学生职业技能的培养和职业素养的塑造有着仿真实训基地无可比拟的优越性，建设全真的实训基地是现代学徒制实训基地建设的首选和主要形式。考虑到即使是校企联合培养，所有的实训教学内容也不可能全部在合作企业开展，学校仍需承担很大一部分实训课程的教学工作，校内的实训基地囿于各方面条件，很难全部建成全真的实训基地，仿真实训基地仍然承担着重要的实践教学任务，起到有益和必要的补充，为了能够跟上行业的发展和更新的速度，校内仿真实训基地在建设时要对建设理念、建设标准和硬软件的更新速度有较高的要求。

（二）建设思路

1．依据人才培养需要确定实训基地的建设目标和建设内容

根据专业人才培养方案的培养目标和课程设置，确定所需开设的实训课程和实训项目，包括有关课程的课内实训和综合性实训。根据所开设的实训课程及实训内容对实训教学条件的要求，结合现有的实训条件，确定本专业实训基地的建设目标和建设内容，包括实训场地、设备、软件、师资等。对于现代学徒制人才培养，相当一部分实训课程由企业承担教学任务，学校和企业应当根据各自承担的教学任务，分工协作，做好实训基地建设的建设规划，完成实训基地的建设工作。校内实训基地建设应以学校为主，企业可以适当参与，对实训项目和实训内容提出合理的建议，可以提供设备、软件和实训指导教师，帮助学校完成相关实训室的建设和实训课程的教学实施。校外实训基地建设应以合作企业为主，主要利用企业真实的生产和经营场所，根据教学需要改造成实训基地，学校可以协助建设。

2．校外生产性实训基地建设是现代学徒制实训基地建设的重点

对于现代学徒制实训基地建设，校外生产性实训基地的建设是重中之重，这是因为不同于普通班级的学生，现代学徒制学生培养要由学校和企业共同完成，工学交替是学生培养的重要教学组织形式。在现代学徒制人才培养模式下，企业承担着重要的教学任务，企业教学的主要地点是企业生产经营一线场所。在建设校外生产性实训基地时一定要注意以下相关问题：

第一，实训基地的设施要能够满足实训项目的开展。对于校外生产性实训基地，要根据实训基地条件和相关课程实训要求合理安排实训项目，要根据场地设施和生产经营活动确定能够提供的实训项目和承担的相关实训课程教学工作，必要时应当对实训场地进行扩充，对教学和实训设施进行添置和更换，确保实训项目的正常开设。

第二，实训场地的工位数要能够容纳实训的学生。校外生产性实训基地必须合理评估能够容纳的实训学生数量，要根据实训场地的条件合理安排实训学生数量，不能超负荷接纳学生，否则会影响企业的正常生产和经营活动，也会影响学生的实训质量和实训效果。对于距离学校较远的校外实训基地，在考虑实训场地提供的工位数量的同时还要考虑学生的住宿安排等问题。

第三，实训师资队伍建设是校外实训基地建设的重要组成部分。对于校外生产性实训基地来讲，师资队伍建设是其建设的重要组成部分。校外生产性实训基地的优点除了能够为学生提供全真的实训环境，还可以为学生提供生产经营经验丰富、技能水平高的企业师傅。企业要将技能水平高、教学能力强的业务骨干遴选为学生的企业师傅，合理

安排指导人数，制定指导薪酬和考核标准，建立一支高水平、高素质的企业师傅队伍。只有这样才能确保校外实训基地的教学效果。

第四，实训标准的制定是实训课程教学质量的重要保障。实训内容的标准化是校外生产性实训基地建设的重点，也是实训课程教学质量的重要保障。校外生产性实训基地承担的主要功能是企业的生产和经营，教学是其因人才培养需要而承担的附属功能，企业一般不会有相关实训课程的教学标准。为了确保实训项目的教学质量，必须根据每门课程的课程标准制定每个实训项目的实训标准，包括实训目的、实训内容、实训条件、实训学时、实训考核等。实训标准的制定可以使实训指导教师在开展实训教学和指导时有客观、明确和规范的依据，也能确保相关实训课程的教学内容和教学考核的一致性，避免因企业师傅不同而出现实训教学内容和考核结果的不同，确保实训教学的规范性和统一性。

第五，实训基地制度建设和保障是实训基地有效利用的基础。实训基地的正常高效利用必须依托完善的制度保障，实训基地的制度建设是实训基地建设的重要组成部分。校外生产性实训基地有着比较规范的生产操作和经营管理制度，这些制度是企业正常生产经营的保障。学生在实训基地学习时需参与企业的正常生产和经营活动，这就要求学生必须遵守企业的生产操作和经营管理制度，这也是培养学生职业精神、养成职业习惯的重要方法和途径。但学生的实训活动不完全等同于企业的生产经营活动，其仍然是以学习为主，必须制定与实训教学活动相适应的管理制度和办法，如包括对生产经营规范的遵守、学习和生活纪律，使实训课程的开展和实训基地的使用有完善的制度保障。

第六，要保障实训学生的合法权益。因人才培养的需要，相对于普通班级的学生来讲，现代学徒制的学生在企业学习和实训的时间较长，许多实训活动是在企业真实的工作岗位上开展的，学生在一定程度上参与企业的生产经营活动，承担着一定的生产经营任务。这就要求企业既要考虑学生的特殊身份，又要参照《中华人民共和国劳动法》（以下简称《劳动法》）等相关法律规定保障学生的合法权益。一方面，企业要在工作环境、劳动保护措施、劳动强度和劳动时间等方面的待遇不能差于本单位的正式员工。考虑到学生到企业的主要目的是学习，在劳动强度方面应适当降低，在劳动时间方面应适当缩减。另一方面，学生参与企业的生产经营活动，为企业创造一定的价值，企业应当给予学生合理的实训薪酬。这既是企业对学生劳动尊重的体现，也可以增加企业对学生的吸引力，确保培养合格的学生都能够到企业工作，实现现代学徒制人才培养的企业目标。

3．校内生产性实训基地建设是现代学徒制实训基地建设的必要补充

校内生产性实训基地既可以提供生产性实训基地的全真育人环境，又可以减少工学交替带来的额外成本和负担。校内生产性实训基地大致可以分为两大类：一是由学校开

设的酒店、宾馆、超市等经营实体。这些经营实体由学校出资，受学校管理，学校可以安排其为相关专业的教学提供相应的实训场所。二是学校和合作企业共建的“校中店”和“校中厂”。虽然这种“校中店”和“校中厂”存在产权归属、经营业绩分配、经营费用分担、经营风险承担等问题，但如果校企双方能够目标一致、相互支持和配合，就可以很好地运营，并可以为相关专业的学生提供相应的实训场所。笔者所在学校和合作企业在校园内开设了多家标准连锁专卖店，由合作培养的学生进行门店的日常经营和管理，企业和学校安排相应的教师进行指导。门店的运营管理模式和其他正式门店完全相同，学生在门店接受全方位的门店经营管理训练，毕业后可以直接到合作企业的门店上岗，从事管理工作。

第三节　学生考核评价

现代学徒制在实践过程中更加侧重对学生自身职业能力方面的培养，改变了传统理论知识培养模式，从而有效提高学生自身的实践能力，对于学生今后的学习与发展有重要的促进作用。在新时期下，学校应结合实际情况，从现代学徒制的角度出发，来完成学生考核评价体系的构建，使得学生在今后发展的过程中可以具备更为良好的实践能力与职业能力，为其今后的就业与发展奠定基础。

一、构建考核评价标准和实施体系

在现代学徒制背景下，职业院校应该建立完善的学生/学徒考核评价体系，让学生可以更加客观地认识到自身的优势与劣势，使其明确自身的发展目标和就业方向。

1. 构建以职业能力为核心的考核标准体系

为了使体系构建更加适应现阶段学生的发展，职业院校应该根据现代学徒制人才培养模式的实际情况，将学生职业能力作为体系构建的核心，实现对学生全面、真实、客观的评价。在这一体系中，主要是需要对学生自身的学徒态度、学徒能力、学徒成绩三个方面进行评价。其中，学徒态度主要是针对学生在日常学习与工作过程中的思想政治表现、学习、工作态度等内容进行考核，从多个不同的角度对其进行综合性评价，对是否遵纪守法、是否具有事业心与责任感、是否具有团队合作及爱岗敬业精神等多方面进行考核；学徒能力主要是针对学生自身的工作能力、业务能力、创新能力、技术能力等进行考核，考察内容为学生在实际工作过程中，是否具备较强的专业知识与岗位技能、是否在工作过程中全身心投入并通过个人努力完成创新、能否完全服从组织安排等，让学生对自身能力有更为全面的认识；学徒成绩是指学生的学业成绩和工作业绩，主要包括可以量化的刚性成果和不易量化的可评估成果。要求学生在工作过程中，自觉完成各项工作任务，同时具备熟练的操作技术，保证操作的规范性。学校教师可以根据学生的日常行为与表现，以及专业对口程度、学徒报告等方面，来对学生进行整体评价，使得学生考核更为准确。

2．构建全方位完善的评价实施体系

为了保证学生评价的真实、客观、全面性，学校在制定考核评价实施体系的过程中，应重视采用多种评价方式，对学生的评价也需要结合多方意见，保证其综合性与合理性。在考核评价的过程中，学校不应只采纳教师评价，还需要采纳企业师傅对学生的评价。现代学徒制人才培养模式在实践过程中，主要是由企业师傅将各种技术传授给学生，使得学生可以初步掌握相关知识，而学生在实践的过程中，也是由企业师傅直接管理。因此，在考核评价中，应增加企业师傅评价板块，同时结合教师意见，对学生进行综合性评价。除此之外，学校还应该组织学生参与到考核评价中，通过学生自评、学生互评的方式来对学生进行考评，充分发挥学生自身的主人翁作用，以此来调动学生的学习积极性，实现多元化、全面化和个性化考核。学校也可以在这一过程中获得真实的信息反馈，进一步完善现代学徒制人才培养模式。

职业院校在今后的发展过程中，依托现代学徒制人才培养模式构建起完善的学生考核评价体系，通过构建以职业能力为核心的考核标准体系、全方位完善的评价实施体系来实现对学生全方位、综合性的评价，为学生今后的学习工作指明方向，同时促进学生自身实践能力与职业能力的进一步提升。

二、现代学徒制学生考核评价机制

一个岗位工作任务所需的知识和技能往往涉及多门课程和实践操作，单一的课程考核已经无法检验学生对岗位工作所需知识和技能的综合运用能力。为适应现代学徒制人才培养模式改革的要求，需要建立科学、合理、完善的学生考核评价机制，注重学生从事某一岗位工作的能力培养和检验。

（一）制定考核评价原则，明确考核标准

现代学徒制学生考核评价机制既要起到导向、检查、控制和激励的作用，又要简单明了，便于操作，可遵循以下三个原则。

1．以协调统一为基础的科学性考核原则

现代学徒制学生考核评价机制既要符合学生身心发展的规律，又要符合社会发展对学生的要求；既要体现学生教育的客观规律，又要符合人才培养的实际需求。评价标准

应由学校牵头，根据企业的用工标准，征求企业的工程师和一线工人师傅的意见，再由专业教师和企业专家结合职业院校教育的特点和企业实际的人才标准共同商讨确定，使评价指标科学合理、概念明确、含义清晰，各指标之间协调统一，能较全面、准确地衡量学生“学业”和“学徒”的符合程度，并具有可操作性，便于评分者的理解和使用。

2．以职业能力为导向的过程性考核原则

现代学徒制学生考核评价机制应体现学生的职业能力要求，可根据专业特点，结合职业岗位（群）对应的职业标准，设计考核项目，在学习的不同阶段进行多次考核评价，及时掌握学生是否实现了某一学习阶段的人才培养目标，并根据考核评价结果进行教学改革和有针对性的人才培养，在学生成为企业人前对其职业能力是否实现了预期培养目标进行把关。

3．以可持续发展为核心的动态性考核原则

职业教育不仅要使学生具备从事某一职业的能力，而且要使其具备可持续性发展的能力。考核评价既要着眼于学生的现在，又要放眼于学生的未来。对学生的评价要准确地判断学生在发展中的问题，并提出意见和建议，促进学生的成长，为学生的发展服务，从而使学生适应不断变化的社会和就业环境，促使学生可持续发展。考核评价不仅要关注学生未来工作中所应具有的专业知识和职业技能，而且要关注学生本身综合素质的培养，尤其是人文素质的培养，注重学生身心健康的全面发展。

（二）优化考核评价内容，注重能力考核

为更好地解决学生岗位适应性的问题，现代学徒制学生考核评价内容应从职业标准出发，构建以岗位能力为核心的技能和知识考核评价内容，培养学生必要技能的同时，还要培养学生的团队意识、协同能力、创新能力、解决问题能力和岗位迁移能力等。具体可从以下四个方面进行考核：

1．职业道德

职业道德是指学生的思想政治表现和工作态度。主要考查学生遵守学校和企业的规章制度；尊敬师长、待人谦和；爱岗敬业，吃苦耐劳，具有岗位责任意识；主动与他人合作，具有团队协作精神；具有良好的沟通协调能力等。

2．职业技能

职业技能是指学生的工作能力，主要包括学生的基本业务能力、技术能力与创新能力等。主要考查学生是否能掌握学徒岗位的基本技能，较快进入工作状态；是否专业水平强，能及时发现工作中存在的问题；是否岗位操作规范，能不断提高工作技能；是否具有工作岗位应急事件处理能力等。

3．敬业精神

敬业精神是指学生的工作积极性。主要考查学生主动与学校导师、企业师傅、辅导员联系，及时汇报工作和生活情况；坚守岗位，在需要加班和调班时积极主动地接受；遵守作息时间要求，不擅自离岗、脱岗；积极参与学徒企业的社会活动等。

4．学徒成果

学徒成果是指学生的学业和工作业绩，主要包括可以量化的刚性成果和不易量化的可评估成果。主要考查学生综合反映较好，学徒兴趣较高；技术熟练，操作规范，能完成岗位任务；学徒期间对专业教学或企业能提出合理化建议等。

（三）更新考核评价方法，注重多元评价

现代学徒制学生考核评价方法应体现多元化、全面化和个性化，考核评价的主体不仅是学校教师和企业师傅，学生本人也要参与。

1．目标任务评价法

理论和实践教学评价不仅应贯穿于在校期间教育教学的全过程，还应延伸到学生到企业从事相关学徒工作的一段时间。将学生要掌握的知识点和能力点列为“重要任务”，对“重要任务”考评采取目标任务考评方法。在一个考评周期前，学校教师和企业师傅与学生要讨论制定一个双方都能接受的“重要任务说明”，该说明中要明确任务名称、任务描述、任务工作量等内容。这能使学生的学习变被动为主动，提高学生的学习兴趣。

2．学生自我评价法

学生的自我评价结果一般不计入考评成绩，但它的作用十分重要。自评是学生对自己的主观认识，往往与客观的评价结果有所差别。学校教师和企业师傅通过自评结果，可以了解学生的真实想法，为考评沟通做好准备，有利于更客观地对学生进行指导和考评，有利于进行合理的教学改革和岗位学徒。

3．学生相互评价法

学生之间相互评价适合主观性评价，如“职业道德”“敬业精神”部分的考评。它的优点在于学生之间能够比较真实地了解彼此的工作态度，并且多人同时评价，往往能更加准确地反映客观情况，避免出现主观性误差。互评通常在人数较多的情况下比较适用，如人数多于 5 人时。

（四）完善考核评价体系，注重分析反馈

完善的考核评价体系还应当有考核评价结果的即时分析和反馈机制，形成“考核评价—分析反馈—改进提高”的良性循环，促进现代学徒制人才培养目标的最终实现。学校依据考核标准，结合学校教师考评、企业师傅考评、学生互评和学生自评，最终得出由“学业成绩”和“学徒成绩”组成的综合成绩。学校教师和企业师傅按照综合成绩分析学生的职业能力能否实现人才培养的预期目标，检验人才培养目标的阶段实现情况。一方面，将考评结果及时反馈给学生，要求考评结果不合格的学生进行相关内容的补充学习和训练，直到合格为止，为后续教学打下良好的基础。对考评结果合格的学生则给出不同学徒阶段职业能力的水平评价，引导学生有针对性地开展学习和训练，让学生能够从中发现自己的不足，明确以后学习的方向，确定未来职业的方向和目标。另一方面，通过对考评结果的分析，及时发现学校教学过程和企业学徒过程中存在的问题，为推进现代学徒制人才教学改革提供依据，实现教学内容与生产任务对接、教学活动与企业生产对接、实践教学基地与企业车间对接、教学管理与企业运营对接的全方位人才培养，提高现代学徒制人才培养的质量。

第五章 导师团队与学生管理创新

《教育部关于开展现代学徒制试点工作的意见》指出，加强专兼结合师资队伍建设，校企共建师资队伍是现代学徒制试点工作的重要任务。由此可见，现代学徒制人才培养模式的开展，需要由学校专职教师和企业师傅共同承担教学任务，这也说明了双导师团队建设对现代学徒制的发展有着举足轻重的作用。学生管理工作是紧贴着人才培养模式的，人才培养模式改变，学生管理模式也要相应改变，两者相互促进、相互依存、相互影响。现代学徒制的实施依赖高效的学生管理，要求学校与企业在管理、组织、规范等方面必须做出相应转变，实现创新与突破。

第一节　双导师团队管理创新

自 2014 年教育部开展现代学徒制试点工作以来，许多职业院校都进行了非常有益的探索和尝试，积累了许多宝贵经验，培养了大批人才。做好现代学徒制的关键是激发“双师型”教师的能力和活力。深化校企合作，构建互聘互用、双向培养指导锻炼、联合技术创新与研发的双导师模式，创建一支具有高素质的现代学徒双导师团队。

一、组建双导师团队

现代学徒制的人才培养模式能明确专业定位，确定人才培养规格，较好地解决一些专业宽口径的教学问题，以达到专门化方向的培养目标，使人才培养质量的提升与行业企业技术、工艺和流程同步，实现核心技术技能的传承、积累和创新发展。现代学徒制双导师团队建设适应专业学生培养全过程的需要，以学校专职教师和企业师傅的聘用、培养和考核为核心，明确各自的工作职责和工作重心，校企双方遵循“互聘共用”的原则，构建“互聘共培”的长效机制，共享人力资源。

现代学徒制的人才培养是一个工学交替的教学过程，需要学校教师和企业师傅相互协作完成，实现“工”与“学”的有机结合和有效衔接。基于岗位群建立双导师团队，组建包含双专业带头人、专职教师、企业师傅和双班导师的师资队伍，团队成员分工合作，优势互补，协同开展人才培养工作。现代学徒制的人才培养质量与双导师团队的素质和教育教学水平息息相关，校企双方应严格教师评聘制度，联合开展双导师考核认定工作。

双专业带头人由学校专业带头人和合作企业专业带头人组成。学校专业带头人应具有先进的职业教育理念，熟悉学校人才培养的全过程，精通专业的核心知识和技能，能带动团队开展教学资源开发、教育教学改革等；合作企业专业带头人应充分了解企业的发展动态，准确把握职业岗位的发展方向，熟知岗位核心技能和核心素养需求，能有效协同整合教学资源，开展教育教学活动。专业带头人主要负责确定人才培养规格，构建课程体系，制订人才培养实施计划，组织和协调教学资源开发，开展人才培养质量的诊断与改进等工作。

双导师团队的主力军是学校专职教师和企业师傅。一方面，现代学徒制人才培养的专业课程知识需要针对合作行业企业岗位人才需求规格进行整合，专业课程体系也需要进行重构；另一方面，企业岗位课程往往缺乏合适的教材，没有完善的教学标准文件，课程教学资源也有待进一步开发。另外，现代学徒制双主体育人、双场所教学、工学交替的典型做法，常常需要专职教师送教上门。因此，双导师团队中的学校专职教师应具有高度的责任心和团队协作精神，掌握丰富的专业知识，具有任务驱动项目式教学能力，能针对企业岗位信息及典型工作任务，进行基于工作过程的课程开发、教学设计与实施。在熟悉企业的岗位知识和技能之后，学校专职教师可以受聘企业，辅助开展员工培训、技术改造等工作。现代学徒制企业师傅的聘请对象是合作企业中具有丰富工作经验的一线技术骨干，主要承担岗位技能、生产性实训等课程的教学指导工作。企业师傅需具备相应的专业技能等级或职业资格，具有良好的政治思想素质、职业道德和沟通表达能力，能热心于学徒的技能培养和技术指导工作。由校企双方根据专业知识、岗位操作技能、语言表达能力等对企业师傅进行评估，共同考核认定。

现代学徒制学生同时具有企业员工身份，根据人才培养实施计划在学校或企业进行工学交替。从学生到企业员工身份的转变，工作和学习环境的变化，再加上不少学生和家长对在国内尚属于一种新兴人才培养模式——现代学徒制的认识和理解不够深入，学生的思想动态和学习情绪时常会有一些波动，这增大了学生日常管理工作的难度。在双导师团队中引入双班主任制度，可以比较灵活地根据教学场所的变化实现相应的管理要求。学校班主任全面负责学生在校期间的日常管理工作，关心学生的学习、生活和思想状况，指导学生开展各项活动，引导他们职业素养的养成。在学生进入企业阶段后，学校班主任定期与企业师傅、企业班主任联系，及时掌握学生动态。企业班主任由人力资源部门人员担任，全面负责学生在企业期间的日常管理工作，落实学生的相关待遇，关心学生在企业期间的工作、学习、生活和思想状况，指导学生对企业文化的认知；定期与企业师傅、学校班主任沟通，协调处理学徒人才培养和日常管理中的一些问题。

二、双导师的选拔

现代学徒制的双导师团队是由学校教师与企业导师共同组成的师资团队。学校教师主要负责理论教学工作。企业导师又可分为业界导师和企业师傅。业界导师由企业管理人员担任，负责整个培养的规划、组织。企业师傅由企业资深一线员工担任，对学生进行技术技能的直接指导。学校教师和企业导师并不是互相隔离的两个团体，导师之间要经常性地就学生的培养、学生的职业发展等方面进行沟通，形成一个相互合作的双导师团队。

（一）企业导师的选拔标准

1．企业导师必须具备较强的业务能力和较高的实践水平

企业导师主要负责实践环节的教学工作，弥补学校教师实践能力的不足，必须具备较强的实践能力。企业导师必须拥有多年在相关岗位上的工作经验且业务能力较强，能够处理在实际工作中遇到的各种业务难题，以便在教学中能够结合自身工作经验对学生进行培养。另外，企业导师中的业界导师不仅应具备一线岗位的工作经历，还应具备管理岗位的任职经验。业界导师需要从全局出发，与学校教师共同制订学生培养计划，并根据具体实施情况对计划进行调整。管理岗位的任职经验让他们能够对企业和员工的发展有更全面和详细的了解。

2．应优先从大型企业中选拔企业导师

从企业的发展来看，中小企业的发展规模较小，发展不稳定。与学校开展深度合作、选拔企业导师将使企业成本增加且短时间难以带来收益。除此以外，中小企业发展的时间普遍较短，企业员工的经验有限，难以承担企业导师的工作职责。因此，企业导师应优先从大型企业的员工及管理层中进行选拔。

3．需要具有较强的社会责任感

企业导师不仅需要具有较强的业务能力，还要能够将自己的经验与学生进行分享；不仅需要将专业技能分享给学生，还需要能够在日常生活中与学生沟通。现代学徒制培养的学生尽管已经可以被看作企业员工，但是其同时也是学校学生，从行为、心理方面都反映出其学生的特征。从行为上看，在完成工作任务的同时，还需要完成学习任务，在工作时间上没有普通员工灵活。从心理上看，多数学生并未将自身完全融入企业员工

的角色。因此，企业导师需要具有较强的社会责任感，充分理解学生，相于与普通员工沟通，更有细心和耐心，帮助学生尽快融入企业，完成学生到员工的过渡。

4. 能够服从学校的管理规定

现代学徒制学生尽管具有学生与员工的双重身份，但是总体来看还处于学习阶段，因此时间以及学习内容应符合学校的管理要求。企业导师不能按照普通员工的管理方式对学生进行管理，应服从学校的规定。另外，企业导师一旦接受了学校聘任，也有责任依照学校要求参与学校教学、考核等工作，以此实现企业导师的规范化。

（二）学校教师的选拔标准

1. 熟悉并愿意承担校企合作工作

熟悉并愿意承担校企合作工作是学校教师能够主动与企业导师进行合作的基础。建立双导师团队是校企合作的任务之一，要求学校教师在理论教学任务和实践教学任务中能够认可企业导师在相关岗位的专业性与实践能力，能够充分进行合作。能够与企业导师进行沟通，制订有利于学生发展的培养方案。

2. 具备相关专业的教学能力

学校教师主要负责专业的理论教学，需要具备扎实的相关专业的教学能力。对教学能力的要求，不仅体现在对理论知识的教学，还体现在对学生职业素养的培养，重视对学生能力的挖掘与培养。在选拔学校教师时，应尽量强调专业的对口性。首先是所教专业与学生岗位对口。学校教师需要与企业导师沟通，共同培养学生，所教专业与学生岗位对口能够提升沟通效率与沟通的专业性，使学校教师能够更加了解企业与学生的需求。其次是所学专业应尽量与所教专业属于同一大类。这样才能保证学校教师自身专业知识的牢固性，可以更好地实施教学。

3. 应优先从具有相关专业企业工作经验的教师中进行选拔

学校教师具有相关专业企业工作经验将更有利于开展双导师团队的建设。双导师团队建设并不意味着学校教师只需要做好理论教学工作，双导师团队的建立要求学校教师应该更加了解企业的发展。在理论教学环节，学校教师需要基于对专业的理解和企业的了解，对课程进行规划，尽量将理论联系实际并适时邀请企业导师加入课程授课中。在实践教学环节，学校教师更需要基于自身对企业的认识，与企业导师共同开展教学工作。具有相关专业企业工作经验将更有利于学校教师与企业导师开展教学工作。

4．注重青年教师的培养

青年教师尽管教学经验不足，但是受传统观念的影响较小，更容易接受双导师制度，是学校未来发展的中坚力量，有利于双导师制度的可持续发展。因此，在双导师队伍选拔时应加强对青年教师的选拔，要求青年教师多参与到双导师团队的工作中，培养青年教师加强校企合作的意识的同时提升其业务能力。

（三）双导师聘任程序

双导师聘任程序应符合学校聘任标准，无论是学校教师还是企业导师都应符合学校要求。在聘任学校教师时本人应首先提出申请，经过学校聘任部门协商同意后，方可被聘为双导师团队的学校教师。聘任企业导师时，本人应与合作企业协商确定并填写企业导师申请表，报企业及学校进行审批。在对企业导师进行审批时，应特别对企业导师的相关资格以及企业经历进行审核。学校教师和企业导师在通过审核后，学校和企业应向导师颁发聘任证书，收集支撑材料进行备案。

三、双导师团队的培养

双导师团队的持续培养是建立高素质现代学徒制师资队伍的关键。在现代学徒制的人才培养模式下，双导师团队应积极开展培训与交流活动，深入了解现代学徒制职教理念，研究现代学徒制教学设计，剖析自身的职业能力，有针对性地进行培训与实践，提高职业教育教学水平。双导师团队的培养重心是学校专职教师和企业师傅。为了满足现代学徒制学生核心素养、核心专业能力、岗位及职业发展能力的培养要求，根据教育部开展现代学徒制试点工作意见，双导师团队的培养主要针对学校专职教师和企业师傅的差异化培养。

1．锻炼学校专职教师的工程实践能力

学校专职教师大多具有丰富的专业知识和专业技能，熟悉教育教学方法，但对具体企业生产、工艺和岗位的了解较少。任务驱动项目式教学是目前职业教育常用的教学方法。要做到教学过程与生产过程对接，就必须了解企业真实的生产过程和典型的工作任务。企业师傅教学生怎么做，让学生习得相关技能；学校专职教师让学生学得相关知识，明白为什么要这么做，为学生的可持续性发展奠定基础。校企双方应鼓励并协调安排学校专职教师下企业进行跟岗培训、顶岗实践，参与企业生产过程，熟悉相关的岗位职责、核心能力和工作标准等，促进理论与实践知识的融会贯通，提高工程实践能力，养成职业意识，形成完整的职教能力。现代学徒制专业与产业、职业岗位的对接所带来的课程知识的整合、课程体系的重构，也需要学校专职教师下企业实践，才能做好教育教学工作，内化为个人能力，进而为企业提供技术服务。

2．提升企业师傅的教育教学能力

承担职业教育教学任务的企业师傅，除了需要具有责任感和使命感，还需要具备一定的教学设计能力和教学执行能力。企业师傅虽然熟悉了企业生产工艺和流程，掌握了岗位的核心能力，但对于如何根据人才培养规格要求，依托岗位典型的工作任务，优化教学内容，开展教学设计，实施教学过程存在先天性不足。对企业师傅的培养，主要包括两点：首先是通过系列职业教育理念座谈、专题培训等，使企业师傅了解现代职业教育的特点，学习职教理念；同时向企业师傅解读人才培养教学标准，深化教学认识，使其明确课程教学是严肃而又专业的教学活动。其次是对企业师傅进行教学基本能力的培训，组织企业师傅观摩学校教师的课程教学，了解职业教育教学方法和教学技巧，提升教学能力和水平。

双导师团队的培养离不开互动交流平台的支撑：通过互动交流平台向企业导师推送优秀教案、课件和教学反思，丰富他们的教学经验；通过互动交流平台开展教学交流活动，提高校企双导师团队的职教能力，提升团队的综合素质，确保现代学徒制的人才培养质量。

四、双导师团队的考核与激励机制

常态化考核与激励机制的建立对于完善现代学徒制校企双导师团队建设，促进团队成员成长尤为重要。校企双方选拔组建双导师团队，明确责任和目标后，应合力构建规范合理、行之有效的考核与激励机制，通过评优、奖优的方式来激励和吸引人才参与学徒指导工作，稳定现代学徒制师资队伍，引导整个双导师团队良性发展。

根据学校专职教师和企业师傅的特点，对学校专职教师和企业师傅的考核评价采用不同的考核评价方式和尺度，各有侧重。对学校专职教师的考核，进行行业企业考核、教学督导评价、团队评价和学生评教四方教学评价，并将其参与现代学徒制课程资源开发、企业实践和技术服务纳入考核范围，将考核结果作为学校专职教师晋升专业技术职务的重要依据。对考核优秀的学校专职教师进行奖励，提高他们的积极性；对考核评价不合格者，应取消其现代学徒制导师资格。

现代学徒制人才培养的重要环节是学生到企业的在岗学习，跟岗和顶岗实践，企业师傅对学徒进行岗位课程的教授、岗位技能的培训指导。如果不明确责任和目标、不将学徒指导工作纳入工作绩效考核范围，那么现代学徒制企业师傅出于现实的考量，往往对学徒的简单使用过多指导，企业师傅师带徒的传授指导方式流于形式。这将严重影响学徒岗位工作的认知和岗位技能的培养，也就无法达成现代学徒制的人才培养目标，甚至导致他们怀疑现代学徒制的培养方式，产生更为严重的后果。企业师傅的考核评价在企业评价、教学督导和团队评价、学生评价等多元化考核评价的基础上，将其所带学徒的培养质量纳入重点考核范围。优秀企业导师通过考核评价评出，并获得现金奖励，享受带徒津贴或作为晋职晋级的重要依据。从物质和精神两个层面激发企业师傅的工作热情，充分发挥他们的工作积极性，使他们做好学徒的培训指导工作。

双导师团队的建设离不开政府和行业的参与：如果政府发挥其宏观指导作用，建立现代学徒制教师相关政策和保障措施；行业与专业对接，根据行业特点和人才培养师资需求，制定行业职业教育教师的准入制度和标准；学校和企业按准入制度和标准遴选组建双导师团队，制订和实施培训计划，开展考核评价。政校行企四方协同，能有效组建专兼结合、梯度合理、业务娴熟的高质量双导师团队，建立健全双导师的选拔、培养、考核和激励机制，保证现代学徒制教学模式的有效运行，提高人才培养质量。当前，现代学徒制相关制度的顶层设计尚不完善，校企双方只有突破自身的一些管理制度，才能解决现代学徒制高水平企业师资的短缺问题。

第二节　学生管理创新

现代学徒制是实现专业设置与产业需求的对接、课程内容与职业标准的对接、教学过程与生产过程的对接、毕业证书与职业资格证书的对接、职业教育与终身学习的对接，推动职业教育体系和劳动就业体系互动发展，打通和拓宽技术技能人才培养和成长通道，深化产教融合、校企合作，推进工学结合、知行合一的有效途径。在现代学徒制模式下，学生必须在企业做学徒，跟师学艺，这就给学校管理提出了新挑战。

一、学生管理的新挑战

（一）校企双主体带来的新挑战

校企双主体，即学校与企业密切配合，都是现代学徒制人才培养的主体；而现代学徒制加深了学校和企业的联系，倒逼校企双主体共同对学生的教育与管理负责。然而在现实中，校企双主体在目标培养、过程监督、结果考评、日常管理等方面缺乏明确的分工和定位，没有各自明晰的权责，容易出现“各自为政”，甚至有时会出现双方相互推脱责任的情况。校企双主体分工不明、定位不清，导致学校教师难以深入企业继续进行学生管理工作。企业师傅自身有工作压力且没有受过教育方面的培训，不愿意也没有足够的能力参与学生管理。并且，校企双主体对学生的管理基本上从自身需要出发，体现出管理者的惰性心理，很少真正关注学生的需要，对学生在管理中的主体地位采取选择性忽视。辩证来看，这种管理方式对那些无纪律意识的学生可以起到一定的束缚、管制作用，但从学生的长远发展来看，这种管理方式是不可取的。因为这是对学生个性发展的泯灭，不能满足他们更高层次的需求，过度的约束反而会加重学生的逆反心理，容易造成学生和管理人员之间的冲突升级、矛盾不断，加剧学生管理的难度。

（二）学生的双重身份带来的新挑战

现代学徒制下工作与学习的关系变得更加统一：工作即学习，学习即工作。在此背景下，学生的身份产生了变化，由过去单一的学生身份向学生与学徒的双重身份转变，学习者是工作者，工作者也是学习者。学生在学校中要跟随学校教师学习相应的专业知识，这时他们仍是学校的学生；而到了企业，学生又会跟随企业师傅学习技术技能，企业师傅会根据学生的实际情况进行有针对性的指导和训练，确保其对技术的熟练掌握和应用，这时他们就是企业的学徒（员工）。作为一名企业的学徒，他们可能要从最基层的工作做起，面对真实的工作世界，面对繁重的生产任务，这样的现实情况与很多学生憧憬的美好未来可能存在显著差异，使他们产生巨大的心理落差。在学校，学生会按学校的标准规范自身；在企业，学生又须以企业的规章制度约束自己的言谈举止，两种标准的不一致导致学生需要经常进行角色转换。这一系列的变化让学生无所适从，不能很快适应从学生到学徒身份的转变，容易在学校到工作世界的认识转向中迷失自我。学生心理的不适应可能发展为逃避、抗拒，不能以积极的心态参与学校学习和企业工作。在学校不听从教师的管教，到企业也不愿意服从企业师傅的安排。这给学生的管理工作造成了极大干扰，进而影响现代学徒制的人才培养质量。

（三）工作场所的复杂性带来的新挑战

以往学生活动的场所主要在学校，他们往往在教室就可以完成学业任务，就算到实验室或者实训中心等地方实训，也只是对工作情境的模拟而不是还原，与真正的企业工作场所存在差异。和之前的校企合作模式相比，现代学徒制要求学生有更多的时间到企业，进入真实的工作场所，在企业师傅的指导下进行各种实际工作训练，亲身感悟理论知识是如何在实践中被应用的。

在真实的工作场所中，学生需要接触各种机器设备完成相应的工作任务。教学内容的实践性进一步增强，学生要花大量时间跟随企业师傅参与实践工作。真实的工作场所在人员分配、劳动安全、人际关系、企业文化等方面又有很多不稳定的因素。在人员分配上，由于企业工作岗位的设置，同一地点可能无法容纳所有学生，因此学生会被分散到不同的岗位中，难以进行统一管理。在劳动安全上，现有的法律法规未对学生实习劳动权益等方面进行明确规定，致使企业的劳动安全保障意识不强，对学生的劳动安全保护不到位，再加上学生的自我保护能力弱，容易引发劳动安全事故。在人际关系上，学生需要应对企业复杂的人际关系，这不同于以往在校期间面对的比较单纯的师生关系或同学关系。在企业文化上，企业文化是企业价值观的体现，从学生进入企业的第一天起，这种独特的企业文化就会在潜移默化中感染他们。相对于学校文化而言，企业文化较为枯燥乏味，易引起学生的反感。

二、学生管理的创新

（一）管理理念的创新

1．贯彻人性化管理理念

现代学徒制下的校企双主体，在进行学生管理时应将人性化管理理念贯穿于管理的全过程。充分理解学生，知学生心，晓学生事，排学生忧，解学生难；尊重学生，尊重学生的人格、需要、尊严和权利；信任学生，相信学生都有巨大的发展潜力，相信每个学生通过努力都能有所发展。学生管理从来都不是冷冰冰的，它是一种充满智慧与艺术的情感表露形式，管理的对象是活生生的人而不是物体。真正的学生管理在目标设定、过程控制、结果评价等方面都应融入人性的关怀，要考虑学生的职业成长规律和认知学习规律，体现出对学生的尊重。管理只是教育学生的一种手段，最终目的不是造就一大批“听话”的学生，而是促进学生个性的发展，帮助学生认识自我，形成正确的人生观、价值观和职业观。

2．树立“协商共治”治理理念

治理理念蕴含着民主、协商、共治等元素，强调不同主体之间的互动与合作，构建平衡、共赢、善治和协作的对话机制。在学生管理上，完全可以借鉴治理理念，寻求学校、企业和学生的需求平衡点，做到统筹兼顾，实现利益最大化。学校应该提前与企业沟通，在人才培养方案、课程设置、教学内容、日常管理等方面进行调整，满足企业的实际需求。企业应该及时向学校反馈自己的需求，在培养学生的同时服务于社会。学校和企业应该改变以往高高在上的姿态，从学生中来，到学生中去，听取学生的真实想法和建议，并根据学生的反映及时对管理工作进行改进。学生应该充分意识到自己在管理中的主体地位，通过协商、对话等方式参与管理、表达诉求，由被动服从管理向主动参与管理转变。

（二）管理制度的创新

1．学生遴选制度

目前我国的现代学徒制处于试点阶段，具有“小范围、小规模”的特点，这就需要校企双方在学生的选拔方面下功夫，挑选出各方面表现优秀且真心热爱所学专业的学生参与试点，为后续的实践工作奠定基础。学生本人在家长或监护人的同意下，应自愿提出加入现代学徒制的申请。学校与企业对提出申请的学生的各方面情况进行综合评议，最终确定合适的人选，同时与学生签订协议书，明确双方的职责和义务。这种方式既能够优化学生队伍的整体质量，也能够消除由学校的强制统一安排所引发的抵触心理。

2．学生劳动权益法律保障制度

现行的法律法规对学生劳动权益等方面的保障力度比较低，存在针对性弱、可操作性不强等缺陷。学徒的身份在法律上定位模糊，像中职学校的有些学生未满 16 周岁，与《劳动法》规定的年龄相冲突。《奥地利联邦职业教育法——联邦学徒职业教育法》不仅对学徒的身份定位、教育管理及保障举措等各方面都有明确的规定，还注重与其他法律密切结合、环环相扣。所以，借助我国《职业教育法》修订之际，通过法律的强制力规范学生、学校和企业的权利与义务，健全学生劳动权益法律保障制度。一是要在法律上明确学生的法律身份及学生与企业、学校的法律关系，对学生在企业中的身份认定、组织实施、跟踪指导和评价考核等环节做出具体规定，并对《中华人民共和国教育法》《劳动法》等其他法律进行调整，互为补充。二是要完善学生劳动风险法律保障机制。由于学生身份的特殊性，现有的工伤保险制度对学生不能完全适用，因此应该专门建立关于现代学徒制的实习劳动伤害保险制度和责任追究机制，既能够确保学生的合法权益，又能够明晰现代学徒制各方主体的劳动安全权责。

3．校企导师联动制度

作为平时和学生接触最密切的人，学校教师和企业师傅更需要通力合作、紧密配合。在学生进入企业之前，学校教师就要将学生的性格特征和自己的管理方法与企业师傅沟通。这样企业师傅不仅能对未来所带的学生有所了解，还能学会如何管理学生。在学生进入企业之后，企业师傅要对学生加以关怀，关注其成长和心理状态，系紧师徒情感纽带，构建良好的师徒关系。情感纽带在师徒关系中的回归，能够改善职业教育中师生之间现存的冷漠关系，消除市场功利化，帮助教育返璞归真。对于在学生管理上遇到的困难，企业师傅要及时和学校教师沟通，做到未雨绸缪，防患于未然。只有联合学校教师和企业师傅，形成双导师全员育人的格局，才能不断推动学生管理工作向前迈进。

4．校企管理互补制度

现代学徒制下学校和企业各有一套管理制度，在一定情况下会发生冲突，这就需要做好校企管理制度的互补工作，保证校企双主体的管理制度相互之间不冲突、不脱节。建立学校与企业双方联动的管理制度，合理分配各方的责任，做到责任共担。学校可以力邀企业参与本校管理制度的修订，认真听取企业在管理方面的意见，借鉴企业在精细化管理方面的丰富经验；企业也可以针对学生的特点，吸取学校的优秀管理理念，完善自身的管理制度。学校和企业在管理制度上各取所长，相得益彰，在学生管理上形成一股强大的合力，达到“1+1>2”的效果。

（三）管理方法的创新

1．柔性管理

时时刻刻“以学生为本”，这不是单纯的空喊口号，而是在实践中卓有成效地展现出来。目前企业在管理上一般表现得比较刚性。柔性管理相对于刚性管理而言，注重人的心理和行为规律，把组织意志转化为个人的自觉行为，是一种人格化的管理范式。柔性管理既是对刚性管理的完善，又必须以刚性管理为前提。因此，校企双主体在进行学生管理工作时应采取刚性管理与柔性管理相结合的方法：人才培养目标和考核方式是刚性的，其余方面如生产过程、文娱活动、餐饮服务、宿舍管理等均以柔性管理为主。柔性管理的实施，可以柔和企业原本单调的环境，促使学生尽快融入企业，增强对企业的认同感。

2．网络化管理

现代学徒制的开展扩大了学生的活动空间，学生管理必须与时俱进，灵活应用信息化管理平台，让管理在科学性的基础之上更具时代性和创新性。校企双主体利用相应的信息技术、互联网技术等现代化的新媒体，来协调企业与学校间在合作沟通、过程管理和效果反馈上的交互，从而提升校企合作的管理方式。学校和企业通过网络平台既可以加强平时的沟通，又可以将学生个人信息录入计算机并建立学生管理数据库，借助大数据技术提升管理工作的效率。现在的学生热衷于网络世界，正好可以搭建网络平台发挥学生在管理中的主体作用。例如，通过建立官方微博、微信公众号、思政网站、论坛，组建 QQ 群、微信群等方式，给学生提供表达想法和意见的机会。在企业，学生被分散

于不同的岗位中，完全可以借助网络平台的优势，打破时间和空间的限制，了解学生的思想动态，及时解决潜在的问题。

3．学生自我管理

学生管理不仅需要外部因素的支撑，而且依赖学生自身的维护，即学校与企业也应该注重完善学生的自我管理。学生的自我管理就是学生对自身的思想和行为进行自我规划、自我教育、自我调控、自我评价。如果不给予学生自我管理的机会，他们步入社会后依然管不住自己，这无疑是教育的失败。因此，要额外重视学生自我管理的价值，不仅要加强学生的自我约束教育，还要在现实中给学生自我管理的权利。在学校或者企业可以组建学生自治组织，发挥学生干部的带头作用，为学生的学习、生活和工作提供服务和帮助。校企双主体要挖掘学生在自我管理上的潜力，尊重学生，相信学生有自己管理好自己的能力。学生的自尊心得到了满足，会自觉主动地约束自己的不良行为，更加注意自己的言行，自我控制能力在不知不觉中得到增强。

4．校企文化融合

管理文化是校企双主体育人过程中一种高层次的追求，是一种精神追寻、一种价值规范、一种管理行为、一种办学品位。校企文化的差异会让学生困惑不已，甚至有的学生会对企业文化感到厌烦，产生负面情绪。校企文化融合能够促进校企文化之间的相互理解、尊重和包容，减少甚至避免角色转换带来的困惑，弥补“供”“需”间的缝隙。所以，学校文化应与企业文化做到全方位衔接与融合，通过文化管理学生。学校不仅要在外部环境中体现物质文化的融合，而且要在人才培养方案、专业建设、课程设置、教学过程等方面体现精神文化的融合。在物质文化方面，学校通过企业标语进教室或宿舍、播放企业宣传视频、展示企业工作成果等形式，让学生自然而然地接受企业文化的熏陶。在精神文化方面，校企双主体可通过协商制订人才培养方案、编写教材、开发课程、评估考核等方式，在潜移默化中融入企业文化底蕴和企业精神内核，促进学生对企业荣辱感、归属感的形成。企业要吸收学校在育人层面丰富的文化内涵，加强校企文化自觉，实现文化共融。通过校企文化融合教育，将学校历史积淀、育人理念、文化精髓与企业经营理念、价值观相融合，以合力完成符合企业需求、具有远大职业情怀的高技能人才培养。利用校企文化融合管理，丰富学生自身的内涵，启迪学生的智慧，陶冶学生的职业伦理情感，帮助学生正确认识工作，最终实现人才培养质量的提升。不过由于学校和企业的价值取向是不一致的，因此需要学校在引入企业文化的时候做好鉴别工作，保障校企文化的双向交融而不是企业文化的单维度入侵。

现代学徒制的实施给职业教育的未来发展带来了机遇与挑战，学校与企业作为育人的双主体要结合实际情况，理性审视在学生管理方面遇到的困境，并且实现对具体问题的超越，以着眼于未来的前瞻性视角冷静分析和思考，确保学生的管理工作有条不紊地开展，为现代学徒制在国内的开展奠定扎实的基础。

第六章 探索开发配套教学资源

在现代学徒制中，学生的教育教学由学校与企业共同承担，学校教师与企业师傅组成教学团队，在学校、企业两地帮助学生完成学业。在教学过程中有效组织教学，让学生能够灵活安排学习时间，获取学习资源是十分重要的事情。本章以重庆工商学校现代学徒制人才培养实践为例，结合学校信息化教学资源，探讨如何建设现代学徒制教学资源。

第一节　开发适应现代学徒制的教材

在职业教育日益兴盛的今天，教材建设愈加重要。为保证现代学徒制的长远发展，国家层面应该制定统一的、通盘考虑企业和学校双方利益的教学标准、实训方案，建立双体系、双导师的职业教育新模式，并在此基础上策划一系列体现现代学徒制教学理念特色的职业教育教材。

一、以实训类课程为主确定教材编写方向

之所以选择实训类课程，是因为该类课程的教学内容一般源于企业的实际工作过程，更容易从基于工作本位学习的角度进行开发，通过完成工作任务来构建与职业相关的知识和技能，也更容易体现现代学徒制理念的特点。浙江公路技师学院与百世物流联合开发了物流专业实训类课程，课程要求学员到百世物流一线岗位按照企业的实际要求顶岗实习，很多学员反馈到企业实习后受益颇多。学校联合企业开发实训类课程的价值在于提高了学生的学习兴趣，减轻了学校投资实训室的负担，可谓一举多得。

二、以企业为主导制定教学标准

教学的目的是就业，教学理应以企业需求为根本出发点。学校课程代替企业课程，显然有违企业技术人才培养的基本规律，不符合当前校企融合发展的根本要求。实训，顾名思义，就是要到实际的工作环境中，按照实际的工作流程进行实际训练。从这个意义上讲，对实训最有发言权的应该是企业专家。因此，在确立实训类课程的教学标准时，以企业为主导是顺应企业需求的必然选择。无锡商业职业技术学院与洲际酒店管理集团联合招收酒店管理专业学员并开展现代学徒制试点培养，由学校教师和企业师傅联合进行实践课程教学标准的制定，其中由企业师傅传、帮、带完成的职业岗位实践操作知识和技能课程将以企业师傅为主制定教学标准。

需要注意的是，以企业专家为主导，不能忽视学校教师的重要作用，不能完全依赖企业专家。企业专家在具体工作岗位上技能操作熟练、实践知识丰富，但要在一定的时间、空间内将相关技能传授给学员，可复制性相对较弱。现代学徒制要求学习者以学生和学徒两种身份在两个场所工学交替，客观上要求将学校教育与企业培训统一起来。新课程要求学校教师负责逻辑框架的搭构，企业师傅负责将“技能点”镶嵌到相应的位置，突出职业教育现代学徒制培养的特色。

三、以现代学徒制理念为指导制定编写模板

现代学徒制的核心是由师傅对徒弟进行言传身教，传授理论知识（学校教师）和实操技能（企业师傅），强调“做中学，学中做”。契合现代学徒制理念的教材开发思路如下：首先，分析该课程学习后学生应掌握的职业行为能力；其次，采用基于企业实际工作过程的编写模式拟订编写大纲，先提出课题任务，再进行工艺分析；最后，在具体学习任务的选择上，兼顾市场应用的普遍性和学校教学的实际。

在制定教学模板时，除了强调任务驱动的编写方向，还要结合现代学徒制的基本要求，强调学校教师和企业师傅之间的协作，强调企业师傅的言传身教，如针对某个技能点，分别设置“师傅教”和“徒弟学”栏目。“师傅教”栏目将企业的实际工作流程分步列示，将师傅的示范视频以二维码的方式作为教材的配套资源进行展示，以便学生模仿学习。“徒弟学”栏目让学生按照师傅的示范，“依葫芦画瓢”，将关键步骤演示出来，可采用短视频或课堂操作比赛的形式展示。例如，在进行物流包装的教学中，教师在讲授完光盘包装、装箱操作技能点后，要求学生分四组进行比赛，既活跃了课堂气氛，也使学生快速掌握了光盘包装、装箱的技巧。当然，这些都只是表现形式方面的传达，不能脱离企业的实际需求。

四、以打开“软件包”的形式呈现内容

职业教育教材的编写应以企业典型的作业工序为引导，一个工序或一个技能点就是一个“软件包”；以实际作业流程为主线，把所有的“软件包”连在一起，按照“软件包”的方式逐步释放知识点。仓储作业实务教材就可以运用项目组合的理念，按照装卸、搬运、储存、分拣、复核、盘点等工序进行编写，一道工序就是一个模块，一个模块就是一个“软件包”，同时这些“软件包”又以“仓储作业流程”为主线连在一起，进而形成一个整体。

五、对编写人员进行系统的教材编写规范培训

当前，职业教育教材尚存在数量过多、质量参差不齐、特色不够鲜明等问题。与现代学徒制在职业院校的蓬勃发展相比，基于现代学徒制理念开发的教材严重缺位，无法支持其未来更长远的发展。问题的产生与部分教材编写者自身的原因有关：一是缺少教育教学知识的系统学习，对教学法一知半解，教材编写过程中无法明确传达对教学法的理解，最终导致逻辑混乱、结构不合理等现象发生；二是对现代学徒制的内涵、特点等理解不深入，浮于表面，不能将该理念应用到实际教学中，更不用说教材的编写了；三是对出版规范的了解不够，导致部分教材内容陈旧、结构缺乏条理，甚至出现了一些明显的知识性错误和错字病句。例如，机械类教材中出现使用过时的国家标准、采用企业已经不再使用的产品型号等。因此，在教材编写前，对参与编写人员进行系统的教材编写培训，很有必要，也很有效。

六、以专家团队为主进行第三方评审

书稿完成后，特邀以职业教育研究专家、企业专家为主的专家团队对书稿进行审定，这是教材出版较为关键的一步。审定专家重点审核教材教学法是否符合现代学徒制教学理念的要求，实训步骤是否符合企业实际工作流程，教学目的是否符合企业对人才的实际需求。

第二节　开发现代学徒制教学资源库

《教育部关于开展现代学徒制试点工作的意见》指出，各地要高度重视现代学徒制试点工作，加大支持力度，大胆探索实践，着力构建现代学徒制培养体系，全面提升技术技能人才的培养能力和水平。随着我国学徒制试点工作的开展，搞好基于现代学徒制的教学资源开发利用对试点工作的深入推进具有重要意义。

一、开发现代学徒制教学资源库的总体要求

教学资源是形成教学活动的因素来源和必要而直接的实施条件，是教学设计、教学实施、教学评价等环节可以利用的一切人力、物力及自然资源的总和。可见，教学资源具有多样性。教学资源具有促进学习主动式、协作式、交互式、研究型、自主型学习的功能，是形成开放、高效、便捷的新型教学模式的重要途径。完善的教学资源库是进行全方位信息化教学、提升教育信息化水平的基础和保障。

基于现代学徒制的教学资源库是一个行业企业共同参与、具有海量信息存储容量、设计科学规范和使用方便快捷的大型共享型专业教学资源库及信息公共管理平台。

（1）教学资源库以资源共享为目的，以创建精品资源为核心，面向海量资源处理，集资源分布式存储、资源管理、资源评价等，实现资源的快速上传、检索、归档。

（2）教学资源库能够为教师提供一个简单、易用的教学资源建设平台，降低教师教学资源网站设计与开发的建设难度；满足教师教学过程设计、教学管理统计分析、课堂教学实时监控等需求。

（3）教学资源库能够为学生提供一个性能稳定、功能强大的自主学习平台；促进主动式、协作式、研究型、自主型学习，形成开放、高效的新型教学模式。

（4）接口开放。根据实际应用需求，定制开发相应的接口，以实现与已有的应用系统数据交流。如教务管理系统、学生管理系统等进行有效集成，实现单点登录，数据同步共享。

二、现代学徒制教学资源库的功能实现

（一）现代学徒制教学资源库的功能

（1）教学资源展示功能。使用者能够直观地了解到专业教学资源库的整体情况，包括专业简介、教学资源简介、专业培养目标、主要包含的课程等与专业相关的所有信息，以及教学资源的种类、数量等，让使用者能够感受到专业教学资源库的针对性、实用性和资源的丰富性。

（2）资源存储、检索功能。教学资源要实现共享必须有共享的存储平台，使教学资源能够实现跨时间和空间的应用。检索功能是从海量的素材资源中找到所需的资源。

（3）教学资源应用功能。资源的价值在于能够被很好地应用于实际教学。数字化教学资源是教师备课、上课、辅导、教研、反思乃至开展课题研究的综合性服务平台，其应用必须以日常教学为基础。

（二）现代学徒制教学资源库的功能实现路径

（1）教学资源展示功能的实现。采用专业网站形式，在专业网站中包含课程中心；以课程教学目标为主线，将可以被纳入课程的资源有机整合，采用网页形式展示，其中包括课程的建设思路、方法，以教学过程为主线的课程素材资源等。

（2）资源存储、检索功能的实现。依托数字化教学资源中心，所有素材资源上传编目，以便检索。所有上传到专题库的素材必须是可删除或下载后可重复编辑的，以便资源的重复利用。

（3）教学资源应用功能的实现。依托数字化综合服务平台，不同角色的用户可按自己的需求设置不同的个性化空间，包括教师空间和学生空间等。教师空间为教师用户提供强大在线备课与施教环境和充分的互动模块；学生空间为学生用户提供强大的个性化学习环境，对学生的学习阶段和进度进行跟踪记录。

三、教学资源的开发

（一）确定以培养综合职业能力为目的的教学目标

教学目标是教学资源开发与利用的宗旨，教学资源的开发与利用应围绕学生综合职业能力的培养展开。综合职业能力包括专业能力和通用能力，专业能力是指专业领域内从事职业活动所必需的能力，是劳动者赖以生存的本领，在能力结构中处于核心地位；通用能力是从事任何职业都需要的能力。因此，在教学资源的开发与利用过程中，无论是课程体系的建立、教材的选用、教学的设计、实训基地的建设、教师的选用与培养，还是企业和学生资源的利用，均应以综合职业能力的培养为出发点。

（二）收集、筛选有利于教学目标实现的教学资源

教学资源的收集是教学目标实现的基础，资源越丰富越有利于教学目标的实现。因此资源建设人员应尽可能多地收集教学资源，对收集来的教学资源应做好分类工作，可按照文字资源、实物资源、活动资源和信息化资源分类整理入库，以有利于今后教学资源的利用。在广泛收集各种资源的基础上，注重收集一些典型的案例、实物、实物图片以及岗位操作实况的视频影像资料，这些资源有利于增加学生的感性认识，调动学生的学习兴趣。教学目标的实现有多种途径，可选用的资源多种多样，在教学过程中，教师不可能将收集的所有教学资源都用上，这就需要进行认真分析和评估，精心挑选，总体原则是有利于在教学实施的过程中以最少的时间、最经济的方式使教学目标实现达到最好的效果。

（三）制定有利于校企合作培养的教学资源开发与利用方案

教学资源的开发与利用方案实质是在具体的教学实施过程中什么时候使用教学资源和如何使用的问题。首先，教学资源的开发与利用方案应与本专业人才培养方案相协调。专业人才培养方案是对学生职业能力培养的总体布局，对学生职业能力的培养提出了具体的要求，同时对基础理论课程、专业基础课程、专业核心课程以及实习实训在不同学期的实施做出了统筹安排，什么时候使用、如何使用教学资源应由不同阶段的课程性质和课程内容决定。其次，要与现代学徒制的人才培养模式相融合。目前典型的有德国的“双元制”模式、英国的“三明治”模式以及澳大利亚的 TAFE 模式等，这些模式是在西方国家不同的体制和背景产生的，其共同特征是要求校企深度融合，工学结合的具体实现形式各不相同，不同模式决定了什么时候使用和如何使用企业资源。

（四）教学资源开发与利用的实施与效果评价

教学资源的实施是教师将已开发与利用的教学资源运用到教学中的过程，在这个教学过程中，教师所利用教学资源要有利于专业课程内容与职业标准的对接，有利于教学过程与生产过程的对接。教学资源开发与利用是否恰当、效果如何，可通过教学过程中学生的表现和效果加以检验，并以此做自我评价。如在教学做一体化的课堂中，教师运用教学资源在“教”的过程中观察学生是否表现出极大的兴趣；在“学”的过程中是否与教师互动学习，是被动学习还是主动学习；在“做”的过程中操作方法是否正确、操作过程是否完善。教学资源的开发以培养综合职业能力为目的，因此其最终效果评价以学生是否具有综合职业能力为核心，评价标准应以制定的职业资格标准为依据。

（五）教学资源开发与利用后的共享

开发利用的教学资源经过教学实施和检验评价，通过教师的总结分析和反思进一步完善，它既是教师完成下一次教学工作可再开发利用的资源，又可供其他教师借鉴，也可供学生课后继续学习思考。因此开发利用的教学资源，特别是“双师”教师团队或教师与企业专家联合开发的优质教学资源，要网络化、视频化并分类入库共享，使教学资源的开发利用价值最大化。

四、企业教学资源的开发与利用

现代学徒制的人才培养模式始终坚持工学结合，注重实践性教学环节，注重职业技能的训练，是校企深度合作的人才培养模式。西方职业教育的成功经验告诉我们，只有企业、行业重视职业教育，全程参与职业教育，现代学徒制的人才培养模式才能切实得到贯彻实施，职业教育才能全面、协调发展。然而，就我国而言，企业仍然是单纯的人

才使用者，参与职业教育协同育人的积极性不高，校企深度合作欠缺。这就需要国家从战略高度先行做好校企合作的顶层设计，首先制定完备的职业教育法律法规，在此基础上制定相关政策，如对参与企业减免部分税收，或给参与企业相关补贴，在政策制定上鼓励行业企业参与合作，为现代学徒制人才培养模式的实施提供保障。

我国职业教育目前仍然是一种学校本位的职业教育。实施现代学徒制既有利于突出学校和企业双本位的职业教育特征，促进产教融合，也有利于企业资源的开发与利用。一方面要努力开发与利用好企业人力资源，职业院校要与合作企业的专家依据岗位的技能要求共同制订人才培养方案、共同开发教材、共同组织教学设计、共同传授知识技能和共同进行考核评价；另一方面，企业存在非常丰富的课程素材，如企业在生产和经营管理的过程中采用的新技术、新工艺、新方法、新设备以及先进的管理措施均为职业院校提供了大量的教学资源。这些资源具有时代性和先进性，教师可将其整理、归纳开发成典型的授课案例，使课程实施“有血有肉”，使学生在课堂学习中有亲临生产现场的感觉。

现代学徒制是现代学校教育和传统学徒教育的有机结合，是理论教育和技能培养的有效结合。其重要特征之一是学徒化，即在真实的工作环境中，通过师傅的言传身教，徒弟（学生）倾听、观摩、操作和思考，以及师傅与徒弟互动交流，掌握岗位（岗位群）的技能，学生的综合职业能力得到提升。企业作为双元育人的主体之一，应切实履行职责。首先，选派的师傅应是本企业的能工巧匠、工程师和技术专家，应具有较高的学术水平和丰富的工作经验，具有良好的职业道德和职业素养，爱护徒弟，关心徒弟，能用自己的言传身教和品德风范感召学生。其次，应选派企业师傅到高等院校定期培训学习，学习现代教育理论，进一步掌握现代科技知识，使企业师傅不仅是技术专家而且成为教育行家。

实 践 篇

第七章

重庆工商学校制冷专业现代学徒制实施标准

第一节　企业遴选标准

为更好地推动校企合作、产教融合，提高人才培养质量，重庆工商学校遴选了优质企业共同实施现代学徒制工作，规范校企合作过程。

一、企业资质条件

（1）企业主营业务或重要岗位应与学校试点专业设置对口。

（2）企业运营时间原则上要求在10年以上，年主营业务收入不少于2000万元（现代服务型企业不少于600万元），每年均有一定数量的用工需求。

（3）企业经营合法、管理规范、技术先进、实习设备和安全防护完备，工作环境较好；优先考虑上市公司、头部企业、骨干企业，优先考虑拥有相关专业高级技工、技术能手、大国工匠、技能大师的企业。

（4）企业能提供较丰富的有关课程建设、教材及教学资源开发、人员互派、师生实践等资源（包括行业经验、运营案例、内部管理制度、培训考核资料、场地、人力资源开发等），愿意和学校一起进行横向联系技术开发。

（5）企业能提供足够数量的核心技术岗位及实习岗位，能选派足够数量的优秀技术人员到校任课并担任学生的师傅。

（6）企业未发生过环保、生产安全或其他违法事件。

（7）企业能理解、支持职业教育，对校企合作有较强的意向。

二、遴选流程

（1）学校成立现代学徒制工作小组（以下简称工作小组），校长任组长，成员包括分管副校长、教务处、就业办、专业系负责人，负责开展实施现代学徒制工作。

（2）结合本校专业设置，工作小组调研行业企业发展现状，确定适合开展现代学徒制的专业。

（3）由就业办和专业系对已参与校企合作的优质企业进行筛查，每个专业推荐 2～3 家符合条件的企业。

（4）工作小组对企业进行考察，确定合作企业，并报上级教育主管部门同意。

（5）校企双方协商，签订现代学徒制工作合作协议。

第二节　学生（学徒）选拔标准

为推进现代学徒制工作，重庆工商学校现代学徒制工作小组根据“自愿、公开、公平、公正、竞争”的原则，对报名就读的学生进行选拔，采取文化测试、面试和体检相结合的方式，将符合条件的学生编入现代学徒制班。

一、遴选条件

符合以下条件的学生均可申请进入现代学徒制试点班级：

（1）初中毕业或具有同等学力者。

（2）年满 16 周岁，身体健康，无色盲色弱。

（3）思想政治素质好，遵纪守法，品行端庄，无任何违纪违法行为。

（4）勤奋学习，刻苦钻研，成绩良好，学习能力较强。

（5）积极乐观，健康向上，具有较强的表达能力和沟通能力。

二、遴选程序

（1）每年自校企联合招生简章公布之日起接受报名，由工作小组统计报名情况，及时与企业沟通，控制报名人数。

（2）校企联合招生招工一体化，在开学之前由校企联合组织预报名学生的遴选工作。遴选内容包括文化素质测试、面试、体检三部分。遴选工作分别由工作小组组织文化素质测试，企业对试题内容可以提出增删意见；由企业项目负责人独立组织面试、测试学生；由学校组织学生参加体检。

三、录取办法

按文化素质成绩、面试成绩和体检情况进行排名，由高到低确定学生（学徒）录取名单，并由校企双方签字盖章后存档。

第三节　企业师傅遴选标准

根据校企合作协议，为了充分发挥校企各自优势，提高人才培养质量，培养学生的社会责任感、创新精神、实践能力，使学生能够成长为符合企业需求的高素质劳动者和高技能人才，特制订本遴选标准。

一、企业师傅任职资格

（一）素养

（1）热爱祖国，热爱中国共产党，不散布负能量，具有正确的舆情导向能力。

（2）品行端正、责任心强，热爱岗位工作，具有奉献精神，热爱教育事业。

（二）知识

（1）具有中级及以上技能等级证书或职业资格证书。

（2）岗位资深专业人员：工龄满 5 年或从事部门培训工作（内训师）。

（三）技能

（1）具有良好的表达能力，善于沟通，具有一定的组织协调能力及分析判断能力。

（2）熟练运用 PPT 等办公软件。

（3）认同公司企业文化理念，并在行动上能自觉以符合企业文化的理念支配自身行为。

（4）具有良好的表达能力，善于沟通，有一定的组织协调能力及分析判断能力，并具备言传身教的能力，能根据中职生的特点传授技能，真心带徒，切实把自己的一技之长传给徒弟。

二、企业师傅选拔要求

（1）选拔原则：公平、公正、公开、科学。

（2）广泛动员，公司内部培训师或取得公司技能等级称号者优先推荐为企业师傅候选人。

（3）企业师傅实行动态管理，每两年进行一次选拔，具体时间和方案经校企共同商议后实施。

三、企业师傅选拔程序

（1）由部门推荐或员工自荐，经部门初审通过后报企业“现代学徒制”项目组终审；企业师傅数量和所在岗位要符合现代学徒制工作的需求。

（2）企业项目组终审通过后，报学校备案，并由学校发放聘书。

（3）企业师傅人员变更由企业现代学徒制项目组以书面形式通知学校。

第四节　学校教师选拔标准

根据《国务院关于加强教师队伍建设的意见》《教育部、财政部关于实施职业院校教师素质提高计划（2017—2020年）的意见》《教育部关于印发〈中等职业学校教师专业标准（试行）〉的通知》等文件的要求，重庆工商学校结合现代学徒制的工作实际，打造了一支高素质现代学徒制教师队伍。

一、学校教师担任现代学徒制导师的条件

现代学徒制学校教师除了应具备《中等职业学校教师专业标准（试行）》规定的专业理念与师德、专业知识、专业能力三个维度的条件，还应符合以下条件。

（一）道德和纪律

坚持党的领导，坚持立德树人，热爱职业技术教育事业，遵纪守法，具有良好的师德师风。

具有良好的职业道德和协作意识，遵守学校和企业的各项规章制度，积极参与现代学徒制工作，责任心强。

（二）学历和资历

学校的现任教师，工作满5年，年龄小于50周岁，身心健康，具有大学本科及以上学历、中级及以上专业技术职称，具有相应的职业资格证书。

（三）经历和能力

具有企业实践经历，业务基础扎实，熟悉所任教课程涉及岗位对知识、技能和基本素质的要求。教学水平高且具有一定的课题研究、课程开发与实施能力。

（四）认可度高

教学能力强，能根据中职生的特点组织教学，得到广大师生的认可。

二、学校教师的选拔要求

（1）选拔原则：公开、公正、择优。

（2）广泛动员，积极参与。学校教师采取学校推荐或自荐。根据专业建设需要，原则上 5 名学生为一个小组，对应一个学校教师和一个企业师傅。学校教师和企业师傅一对一结对子，组成一个学习小组，相互学习，共同进步。

（3）学校教师实行动态管理，每两年进行一次选拔，具体时间和方案经校企共同商议后实施。

三、学校导师选拔程序

（1）专业系推荐或自我推荐并经学校各职能部门负责人同意确定人选，由本人填写推荐表。

（2）工作小组经过考评推荐 8～10 名教师报学校办公会研究，经学校办公会研究通过公示无异议后确定名单。

（3）学校确定名单后，由企业颁发聘书并存入个人档案。

第五节　岗位标准

一、大金空调（上海）有限公司钎焊岗位标准

岗位编号：TZ001。

适用行业、企业：空调生产企业。

岗位性质：战略岗位。

岗位学习时长：163.5 小时。

（一）岗位性质

1. 岗位定位

（1）岗位地位：本岗位是大金空调（上海）有限公司的战略岗位，工作技能被定位为企业三大战略技能之一，确保各种空调配管组件焊接任务保质、保量和及时地完成，在整个生产中起重要的作用。

（2）岗位功能：按生产计划进行生产作业控制，确保各种空调管道焊接生产任务完成。严格执行各项作业质量标准、生产工艺文件、设备操作规程、安全生产制度，确保产品质量。日常工作中有异常时要养成“停止、汇报、等待”的良好习惯。

2. 岗位前期准备

具备企业一般岗位工作能力，遵守公司各项规章制度，有较强的安全生产及品质意识，服从上级安排。

身体条件要求：肢体无残缺，色辨功能正常（特别是单色红色色辨），手指手臂灵活，听力正常，动作协调。

（二）岗位能力要求

1. 总要求

严格遵守公司各项安全操作规程，树立“安全第一”的思想，有强烈的团队意识，服从班组长的安排，在工作中互帮互助，保质保量完成各项任务。

2. 具体要求

（1）知识要求：具备专业的钎焊专业知识，以及钎焊岗位相关设备的知识要点。

（2）技能要求：具备钎焊专业的技术操作能力，以及钎焊不良问题的分析判断及解决能力；具备钎焊设备的正确点检及问题点发掘能力。

（3）素养要求：具备积极向上的业务钻研精神、高度的工作热情以及对工作负责的态度。

（三）岗位考核内容与要求

钎焊岗位考核内容与要求如表 7-1 所示。

表 7-1　钎焊岗位考核内容与要求

<table>
<tr><th rowspan="2">序号</th><th rowspan="2">项目</th><th rowspan="2">任务</th><th colspan="3">课程内容与要求</th><th rowspan="2">学习时长</th></tr>
<tr><th>知识目标</th><th>技能目标</th><th>素养目标</th></tr>
<tr><td rowspan="3">1</td><td rowspan="3">焊接前的准备</td><td>对制冷系统的认识</td><td>1.了解空调系统常用部件的作用
2.了解冷暖型空调制冷原理
3.认识制冷系统中管道的焊接点
4.了解空调的概念
5.了解空调的四要素</td><td></td><td rowspan="5">1.培养学生的安全生产意识
2.培养学生的6S职业素养
3.培养学生的零灾害思想
4.培养学生的环境意识
5.培养学生的品质意识</td><td>0.75小时</td></tr>
<tr><td>铜管的加工</td><td>1.了解切管器的结构及使用方法
2.了解倒角器的结构及使用方法
3.了解杯型口的结构及使用方法</td><td>1.会使用切管器和倒角器
2.会按要求进行铜管的切割和管口的处理
3.会使用胀扩管器
4.能做出合格的杯型口</td><td>12小时</td></tr>
<tr><td>对钎焊场地的认知</td><td>1.了解钎焊场地的安全要求
2.了解钎焊的操作规程
3.了解钎焊作业的正确着装</td><td></td><td>0.75小时</td></tr>
<tr><td rowspan="2">2</td><td rowspan="2">制冷系统管道的基础焊接</td><td>对钎焊设备的认知</td><td>1.认识便携式气焊设备
2.认识固定式气焊设备
3.认识辅助工具
4.了解焊接的分类
5.了解钎焊的定义</td><td></td><td>0.75小时</td></tr>
<tr><td>焊接设备的点检</td><td>1.了解减压阀的使用
2.了解氮气的性质及应用
3.认识“三气包”，掌握其使用方法</td><td>1.能正确进行焊枪的点检
2.能正确进行焊接皮管的点检
3.能正确进行“三气包”的点检
4.能正确进行压力阀的点检
5.能正确区分三种气源
6.能正确调节气源压力</td><td>0.75小时</td></tr>
</table>

续表

序号	项目	任务	课程内容与要求			学习时长
			知识目标	技能目标	素养目标	
2	制冷系统管道的基础焊接	对焊接材料的认知与选择	1.认识钎焊部件 2.掌握钎焊条件 3.了解配管的装配要点 4.认识焊剂的种类 5.了解冷媒配管三原则	1.能正确区分空调系统钎焊中的U型管 2.能正确区分钎焊操作中常用的配管 3.掌握对钎焊条件的确认方法 4.掌握配管装配的正确方法 5.掌握焊材的选择 6.能正确选择焊剂		0.75小时
		焊枪的操作及火焰的认识	1.了解焊枪的点检 2.认识点火和关火的操作 3.认识火焰 4.掌握预热的5个要点 5.掌握焊材流动的5个要点	1.能正确点检气焊枪 2.能正确进行点火及关火操作 3.能正确调节焊接火焰		3小时
		铜管向下焊接的基础操作	1.了解向下焊接预热的操作要领 2.了解气焊焊接时火焰移动的标准 3.了解焊材添加的操作要领 4.了解焊接后的检验要求	1.能熟练使用气焊设备对向下焊接点进行预热 2.掌握焊材添加的时机及方法 3.能在规定时间内熟练操作常用管径的向下焊接		43.5小时
		铜管向上焊接的基础操作	1.了解向上焊接预热的操作要领 2.了解气焊焊接时火焰移动的方向 3.了解焊材添加的操作要领 4.了解焊接后的检验要求	1.能熟练使用气焊设备对向上焊接点进行预热 2.掌握焊材添加的时机及方法 3.能在规定时间内熟练操作常用管径的向上焊接		43.5小时
		铜管横向焊接的基础操作	1.了解横向焊接预热的操作要领 2.了解气焊焊接时火焰移动的方向 3.了解焊材添加的操作要领 4.了解焊接后的检验要求	1.能熟练使用气焊设备对横向焊接点进行预热 2.掌握焊材添加的时机及方法 3.能在规定时间内熟练操作常用管径的横向焊接		42.75小时

续表

序号	项目	任务	课程内容与要求			学习时长
			知识目标	技能目标	素养目标	
3	制冷系统管道的应用钎焊	热交换器的焊接	1.了解热交换器焊接的分类 2.学习热交换器焊接的要领	1.能熟练使用气焊设备对不同壁厚热交换器焊接点进行预热 2.掌握热交换器焊点焊接顺序 3.掌握焊材添加的时机及方法 4.能在规定时间内熟练操作热交换器的焊接		6小时
		工艺管封口	1.了解工艺管封口的意义 2.学习工艺管封口焊接的操作要领	1.能熟练使用气焊设备对工艺管管口进行预热 2.掌握焊材添加的时机及方法 3.能在规定时间内熟练操作工艺管封口焊接		4.5小时
		四通阀焊接	1.了解四通阀的内部结构 2.了解四通阀焊接的注意事项 3.学习四通阀焊接的操作要领	1.能熟练使用气焊设备对四通阀焊接点进行预热 2.掌握焊材添加的时机及方法 3.能在规定时间内熟练操作四通阀焊接		4.5小时

（四）岗位条件

道场实验条件：多媒体，钎焊实操作业台，焊炬。

（五）岗位能力评价

理论考试，现场操作，现场答辩。

（六）考核评价表

考核内容根据评价基准进行等级变动。员工必须先取得钎焊特种作业操作证，方可上岗。等级评价必须从C级开始考核，具有C级资质才可以报考B级，具有B级资质才可以报考A级。

1.钎焊知识力测试

钎焊知识力测试如表 7-2 所示。

表 7-2 钎焊知识力测试

技能者水平	操作项目	技能评价	理论（知识）
卓越技能者	铝焊	“铝焊”4.8 分以上（技能评价表④ QH-PJ-004）	90 分以上（试卷③ QH-SJ-003）
	黄铜焊	“黄铜焊”4.8 分以上（技能评价表③ QH-PJ-003）	
	银焊	“银焊”4.8 分以上（技能评价表② QH-PJ-002）	
	磷铜焊	“磷铜焊”4.8 分以上（技能评价表① QH-PJ-001）	
高度熟练技能者	黄铜焊	“黄铜焊”3.5 分以上（技能评价表③ QH-PJ-003）	80 分以上（试卷③ QH-SJ-003）
	银焊	“银焊”3.5 分以上（技能评价表② QH-PJ-002）	
	磷铜焊	“磷铜焊”4.8 分以上（技能评价表① QH-PJ-001）	
熟练技能者	银焊	“银焊”3.5 分以上（技能评价表② QH-PJ-002）	80 分以上（试卷② QH-SJ-002）
	磷铜焊	“磷铜焊”4.8 分以上（技能评价表① QH-PJ-001）	
熟技能者	磷铜焊	“磷铜焊”4.5 分以上（技能评价表① QH-PJ-001）	80 分以上（试卷① QH-SJ-001）
技能者	磷铜焊	“磷铜焊”4.2 分以上（技能评价表① QH-PJ-001）	70 分以上（试卷① QH-SJ-001）

注：①评价分为平均分；单个评价项目不得低于 3.0 分。

②磷铜焊：A 等级，4.8～5.0 分；B 等级，4.5～4.7 分；C 等级，4.2～4.4 分。

2. 钎焊实际操作评价表

钎焊实际操作评价表如表 7-3 所示。

表 7-3　钎焊实际操作评价表

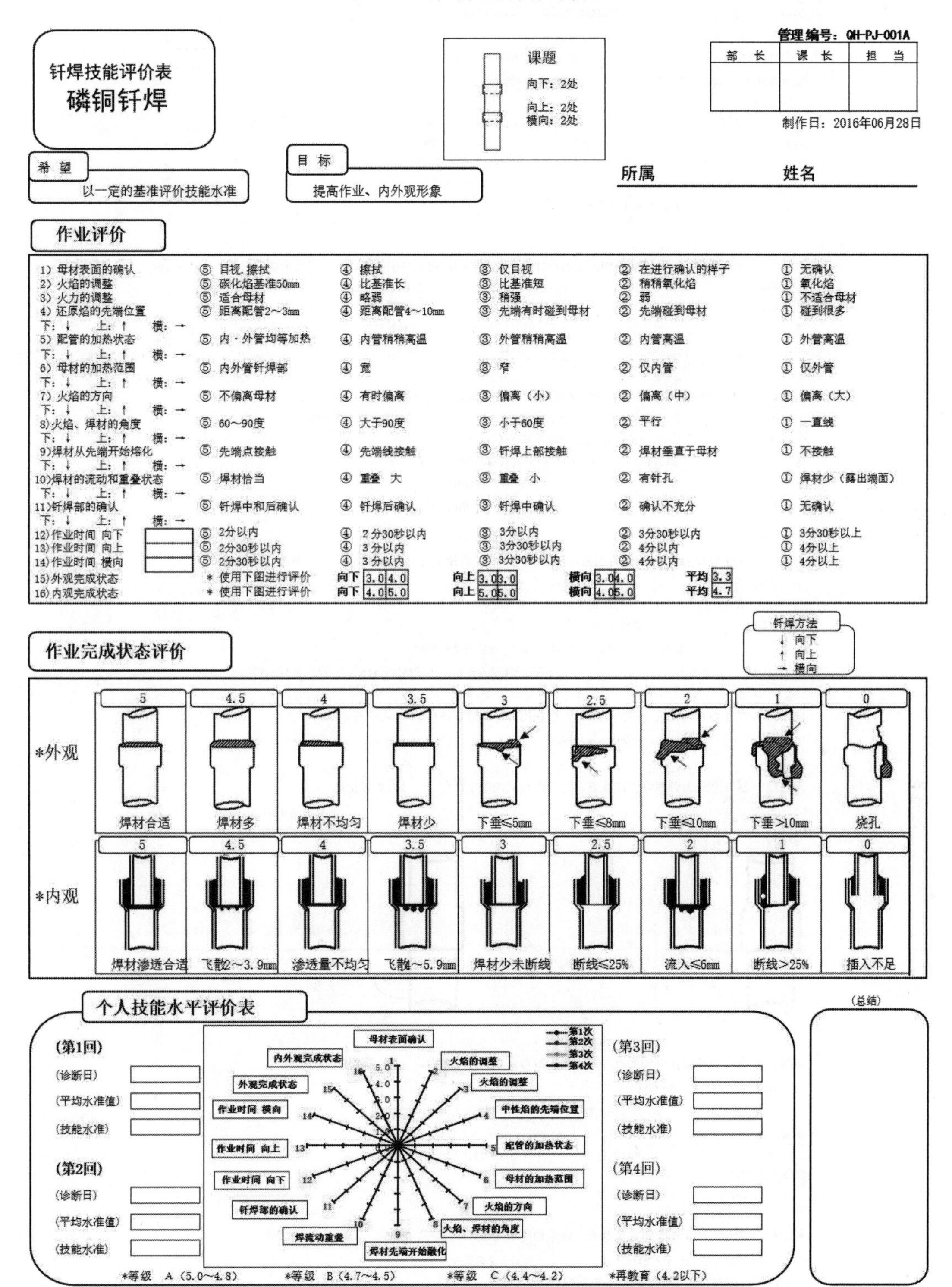

管理编号：QH-PJ-001A

部　长	课　长	担　当

制作日：2016年06月28日

钎焊技能评价表
磷铜钎焊

课题
向下：2处
向上：2处
横向：2处

希望：以一定的基准评价技能水准

目标：提高作业、内外观形象

所属　　　　姓名

作业评价

项目	⑤	④	③	②	①
1）母材表面的确认	⑤ 目视. 擦拭	④ 擦拭	③ 仅目视	② 在进行确认的样子	① 无确认
2）火焰的调整	⑤ 碳化焰基准50mm	④ 比基准长	③ 比基准短	② 稍稍氧化焰	① 氧化焰
3）火力的调整	⑤ 适合母材	④ 略弱	③ 稍强	② 弱	① 不适合母材
4）还原焰的先端位置 下：↓ 上：↑ 横：→	⑤ 距离配管2～3mm	④ 距离配管4～10mm	③ 先端有时碰到母材	② 先端碰到母材	① 碰到很多
5）配管的加热状态 下：↓ 上：↑ 横：→	⑤ 内·外管均等加热	④ 内管稍稍高温	③ 外管稍稍高温	② 内管高温	① 外管高温
6）母材的加热范围 下：↓ 上：↑ 横：→	⑤ 内外管钎焊部	④ 宽	③ 窄	② 仅内管	① 仅外管
7）火焰的方向 下：↓ 上：↑ 横：→	⑤ 不偏离母材	④ 有时偏离	③ 偏离（小）	② 偏离（中）	① 偏离（大）
8）火焰、焊材的角度 下：↓ 上：↑ 横：→	⑤ 60～90度	④ 大于90度	③ 小于60度	② 平行	① 一直线
9）焊材从先端开始熔化 下：↓ 上：↑ 横：→	⑤ 先端点接触	④ 先端线接触	③ 钎焊上部接触	② 焊材垂直于母材	① 不接触
10）焊材的流动和重叠状态 下：↓ 上：↑ 横：→	⑤ 焊材恰当	④ 重叠 大	③ 重叠 小	② 有针孔	① 焊材少（露出端面）
11）钎焊部的确认 下：↓ 上：↑ 横：→	⑤ 钎焊中和后确认	④ 钎焊后确认	③ 钎焊中确认	② 确认不充分	① 无确认
12）作业时间 向下	⑤ 2分以内	④ 2分30秒以内	③ 3分以内	② 3分30秒以内	① 3分30秒以上
13）作业时间 向上	⑤ 2分30秒以内	④ 3分以内	③ 3分30秒以内	② 4分以内	① 4分以上
14）作业时间 横向	⑤ 2分30秒以内	④ 3分以内	③ 3分30秒以内	② 4分以内	① 4分以上
15）外观完成状态	＊使用下图进行评价	向下 3.0 4.0	向上 3.0 3.0	横向 3.0 4.0	平均 3.3
16）内观完成状态	＊使用下图进行评价	向下 4.0 5.0	向上 5.0 5.0	横向 4.0 5.0	平均 4.7

作业完成状态评价

钎焊方法：↓ 向下　↑ 向上　→ 横向

	5	4.5	4	3.5	3	2.5	2	1	0
＊外观	焊材合适	焊材多	焊材不均匀	焊材少	下垂≤5mm	下垂≤8mm	下垂≤10mm	下垂＞10mm	烧孔
＊内观	焊材渗透合适	飞散2～3.9mm	渗透量不均匀	飞散4～5.9mm	焊材少未断线	断线≤25%	流入≤6mm	断线＞25%	插入不足

个人技能水平评价表

（第1回）（诊断日）（平均水准值）（技能水准）

（第2回）（诊断日）（平均水准值）（技能水准）

（第3回）（诊断日）（平均水准值）（技能水准）

（第4回）（诊断日）（平均水准值）（技能水准）

（总结）

＊等级 A（5.0～4.8）　＊等级 B（4.7～4.5）　＊等级 C（4.4～4.2）　＊再教育（4.2以下）

问题1　关于钎焊的条件、请用合适的语言在(　　)内进行记载。　　(各3分×6题=18分)

① 间隙的确认：间隙大小(　　　)mm比较适合、不小于(　　　)mm。

② 母材表面的清扫确认：在母材表面不能黏附若氧化物、油等污渍和(　　　)。

③ 接口形状的确认：接头使用(　　　)接头。

④ 焊材的选择确认：是否选择了(　　　)使用目的的焊材。

⑤ 助焊剂的选择确认：是否选择了(　　　)温度适合的助焊剂。

问题2　下面的语句，正确的画 O，错误的画×，请将O × 填入(　)内。　　(各3分×4题=12分)

① (　　　)用磷铜焊料接合铜与铜、铜与黄铜时，不需要助焊剂也能钎焊。

② (　　　)铜管进行钎焊时，给管内充氮气是为了防止铜管内部产生氧化膜。

③ (　　　)铜的熔点是1083℃

④ (　　　)磷铜钎材(SCuP-2)作业温度为735℃～845℃

问题3　下面的「钎材」规格分别表示的是什么？请从右边的材料名中选择适当的将其前面字母填入（　）内。

(各2分×4题=8分)

① BCuZn ----------->(　　　)

② Alu --------------->(　　　)

③ BCuP ----------->(　　　)

④ BAg -------------->(　　　)

A.铝钎材	B.银钎材
C.金钎材	D.磷铜钎材
E.黄铜钎材	F.锡钎材

问题4　关于钎焊的作业条件(预热的5个重点)、请使用合适的语言在(　　)内进行记载。　　(各4分×5题=20分)

① 两母材要(　　　　　　)加热。(内外管和周围)

② 加热到焊材的(　　　　　　)。(根据母材的颜色变化判断)

③ (　　　　　　)的调整。(火力根据母材的大小与技能，还原焰长度为5cm)

④ (　　　　　　)的角度。(相对于母材80°～85°，热量分布的控制)

⑤ 目视 确认(①　　　　　　)，(②与火焰的接触位置)，(③火焰的方向)

问题5　关于钎焊的作业条件(焊材流动时的5个重点)、请使用合适的语言在(　　)内进行记载。　　(各3分×6题=18分)

① 确认焊材的(　　　　　　)。(确认焊材的扩散范围

② 焊材()的确认(　　　　　　)。确认母材的加热范围)

③ 焊材从(　　　　　　)开始熔化(　　　　　　)。

④ (　　　　　　)的角度。(火焰比预热时稍微站立，火焰与焊棒为90°)

⑤ 目视.确认...最终确认(　　　　　　)。(①还原焰的前端) (②与火焰的接触位置) (③火焰的方向)

问题6　关于焊材为什么会被向上吸入？请使用合适的语言在(　　)内进行记载。

① (　　　　　　) = 　凝集力　+　附着力　　(各2分×1题=2分)

问题7　关于预热及钎焊时的注意点、请使用合适的数字在(　　)内进行记载。

(各4分×2题=8分)

① 钎焊时

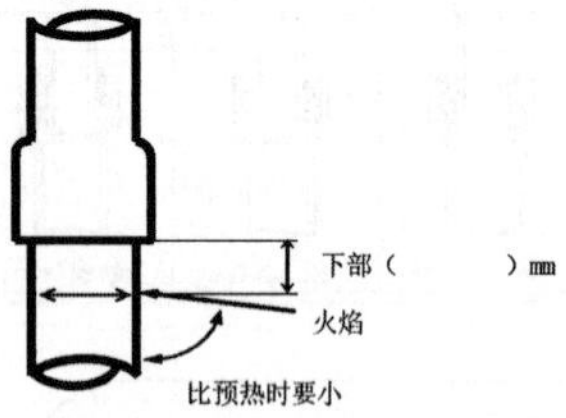

下部（　　　）mm

火焰

比预热时要小

② 预热

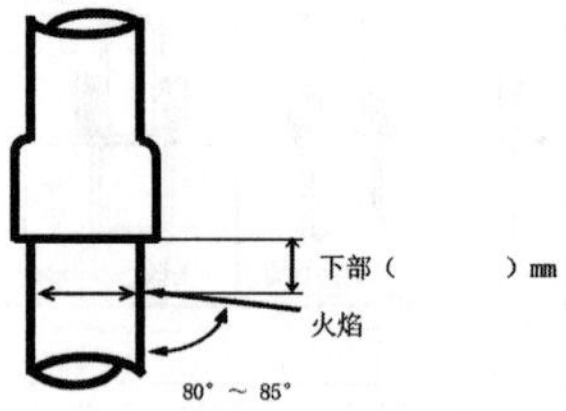

下部（　　　）mm

火焰

80°～85°

问题8　关于机能部件钎焊要点，将正确答案写在（　　）内。　　(各2分×3题=6分)

① 机能部件钎焊时冷却的作用是(　　　　　　)。

A、去除氧化膜　　B、防止氧化膜产生　　C、温度下降到100℃以下

② 单向阀钎焊时用冷却夹冷却，钎焊后(　　　　　　)取下冷却夹。

A、可以直接　　B、等60秒后　　C、焊接点用水冷却后

③ 机能部件钎焊时，(　　　　　　)钎焊。

A、不用冷却　　B、进行冷却

问题9　指出焊接工作中的安全要点，将正确答案写在（　　）内。　　(各2分×4题=8分)

① 为了确保安全，燃气泄漏检查设备的(　　　　)是非常重要的。

② 定期在焊枪的可燃性气体侧的连接口,用手指确认是否有被吸入的感觉(　　　　)测试比较有益。

③ 检查焊缝时，严禁用手(　　　　)焊接高温位置。

④ 停止作业挂枪时，必须确认焊枪火焰(　　　　)且放置稳定后，方能放下钎焊枪。

二、大金空调（上海）有限公司涂装工岗位标准

岗位编号：TZ002。

适用行业、企业：空调生产企业。

岗位性质：战略岗位。

岗位学习时长：78 小时。

（一）岗位性质

1．岗位定位

（1）岗位地位：本岗位是大金空调（上海）有限公司的战略岗位，工作技能被定位为企业三大战略技能之一，确保各种空调钣金的涂装生产任务的保质、保量和及时完成，在整个生产中起重要的作用。

（2）岗位功能：按生产计划进行生产作业控制，确保各种空调钣金的涂装生产任务完成。严格执行各项作业质量标准、生产工艺文件、设备操作规程、安全生产制度，确保产品质量。日常工作中有异常时要养成“停止、汇报、等待”的良好习惯。

2．岗位前期准备

具备企业一般岗位工作能力，遵守公司各项规章制度，有较强的安全生产及品质意识，服从上级安排。

身体条件要求：一般智力水平，色觉正常，味觉正常，手指手臂灵活，动作协调。

（二）岗位能力要求

1．总要求

具有较强的职业操守，能做好劳动保护、环保、安全文明生产工作，具备企业战略岗位工作能力。

2．具体要求

（1）知识要求：掌握涂装的基础知识，了解 DIS 粉末涂装生产线工艺流程及设备性能，熟悉上海大金化学脱脂法的各项工艺管理数据，掌握常用化学药剂的特性，掌握喷枪的工作原理、结构及使用方法，了解喷枪日常维护方法及故障排除方法。

（2）技能要求：安全操作，正确穿戴劳防用品，能正确调整喷枪涂料喷出的幅度状态、气压的大小、溶剂喷出量的大小，能正确调节喷枪的距离、角度、速度和重叠喷涂，掌握手腕固定的要领，能对喷枪进行保养和常见故障诊断及排除，能对涂装不良品进行定义，能进行涂料和涂层物性测定。

（3）素养要求：安全操作，爱岗敬业，团结协作，吃苦耐劳，服从安排。

（三）岗位考核内容与要求

涂装工岗位考核内容与要求如表 7-4 所示。

表 7-4 涂装工岗位考核内容与要求

序号	项目	任务	课程内容与要求			学习时长
			知识目标	技能目标	素养目标	
1	空调涂装概述	涂装的定义及其作用	1.了解涂装的定义及其作用 2.了解涂装的特点及其分类	会识别涂装在各个领域的作用	1.提高动手能力，为后续课程的学习、实践、就业打下基础 2.具有诚实守信、勤奋敬业、吃苦耐劳的品德 3.具有善于动脑、勤于思考，及时发现问题的学习习惯 4.具有乐于与他人共事的团队意识，能进行良好的团队合作 5.具有爱护设备和检测仪器的良好习惯 6.具有安全操作的工作意识 7.具有一定的企业岗位工作能力	1 小时
		涂装作业的安全生产	1.了解涂装作业的重要性 2.了解涂装作业的危害			2 小时
		涂装个人安全与防护	1.掌握防护用品及其作用 2.掌握人体劳保物品穿戴 3.掌握上海大金前处理岗位劳防用品佩戴	1.能正确穿戴劳防用品 2.能根据不同岗位工作正确穿戴劳防用品		3 小时
		涂装作业中的安全急救措施	1.掌握眼化学伤的急救与预防方法 2.掌握身体化学伤的急救方法 3.掌握油漆粘到皮肤上的处理方法	1.掌握眼部冲洗装置的使用方法 2.掌握喷淋设备的使用方法		2 小时
		涂装安全操作规程	1.掌握一般安全操作规程 2.掌握涂料危险品操作规范 3.掌握防火知识 4.掌握防毒知识 5.了解“三废”治理	1.会使用灭火器 2.能进行药剂异常情况急救处理		3 小时
2	静电粉末涂装基础知识	静电粉末涂装基础知识	1.了解静电粉末喷涂的特点 2.了解怎样降低对环境的污染程度 3.了解经济效益 4.了解怎样节约能源 5.了解优异的涂膜性能			3 小时

续表

序号	项目	任务	课程内容与要求			学习时长
			知识目标	技能目标	素养目标	
		静电粉末涂装流水线工艺基础	1.掌握 DIS 静电涂装流水线工艺流程图 2.掌握静电涂装流水线重要工艺说明	能绘制 DIS 静电涂装流水线工艺流程图		3 小时
		静电粉末喷涂系统组成及其作用	1.掌握静电粉末喷涂系统的组成 2.掌握静电粉末喷涂工序的组成 3.掌握静电粉末供粉设备的介绍 4.了解粉末回收设备的介绍	会清洁旋风分离器		4 小时
		粉体涂装的不良定义	1.掌握检验内容及其实施方法 2.掌握涂装完成品表面等级的划分 3.掌握粉体涂装完成品表面缺陷的类别	1.能对涂装不良品进行定义 2.能通过水滴实验进行不良品定义		3 小时
		粉体涂装的检查基准	1.掌握 DIS 检验基准 2.掌握粉体涂装完成品膜厚检查要求 3.掌握涂装完成品涂膜硬度检查要求 4.掌握涂装完成品划格试验检查要求 5.掌握涂装完成品杯突试验检查要求 6.掌握涂装完成品耐冲击检查要求 7.掌握涂装物性—物理性检查要求 8.掌握涂装流水线环境要求	1.能对涂装完成品进行各种质量检查，使其达到生产要求 2.会操作涂装检查设备		4 小时

续表

序号	项目	任务	课程内容与要求			学习时长
			知识目标	技能目标	素养目标	
		磷化与金属表面除锈	1.了解涂装前技术处理的目的 2.了解金属表面除锈与除旧漆	掌握金属表面除锈与除旧漆的技巧和药剂配方		2小时
		金属除油与非金属表面处理	1.了解金属表面除油 2.了解木材的一般处理 3.了解塑料制品的表面处理 4.了解竹、藤制品的表面处理 5.了解水泥的表面处理	掌握金属和非金属表面除油技巧和配方		2小时
3	粉体涂装工艺流程及设备	粉体涂装工艺	1.掌握纳米陶瓷处理（又称陶化处理） 2.了解粉末涂装生产线 3.了解DIS粉末涂装生产线流程示意图及其与代表性涂装工艺流程区别 4.了解部分生产线图	能绘制DIS粉末涂装生产线流程示意图		4小时
		涂装前处理设备及介绍	1.掌握DIS粉体涂装流水线设备性能 2.了解钣金件的表面（前）处理 3.掌握钣金前处理的种类	能鉴别钣金件的表面（前）处理好坏		3小时
		涂装前处理工艺	1.了解化学前处理的两大工艺种类 2.了解粉体涂装预脱脂、脱脂工艺流程 3.熟悉化学脱脂法的种类及工艺流程 4.熟悉涂装流水线工艺 5.掌握纳米陶瓷处理技术	能绘制前处理工艺流程图		4小时

续表

序号	项目	任务	课程内容与要求			学习时长
			知识目标	技能目标	素养目标	
		涂装前处理工艺管控标准	1.熟悉上海大金化学脱脂法的各项工艺管理数据 2.了解预脱脂、脱脂管理数据 3.了解特殊工程管理数据 4.了解水洗、陶化管理数据 5.了解纯水洗管理数据	能进行金属腐蚀实验和防腐蚀实验		4 小时
4	化学药剂的管理与急救	常用化学药剂的特性	掌握常用化学药剂的特性，包括脱脂剂、pH 调整剂（硝酸 5%～10%）、陶化剂（氟锆酸 0.1%～1%）、稀硫酸（0.98%）、浓硫酸（98%）	能识别常用前处理药剂		2 小时
		常用化学药剂的急救与应急措施	1.掌握急救措施 2.掌握药剂入眼和溅到皮肤的急救 3.掌握上海大金使用的化学药剂及急救措施	1.能进行药剂入眼急救处理 2.能进行药剂溅到皮肤的急救处理		2 小时
		涂装材料	1.了解稀释剂 2.了解辅助材料的特性	能识别树脂材料		1 小时
5	喷枪的原理及使用方法	溶剂喷枪的结构、工作原理及使用方法	1.熟悉溶剂喷枪的结构 2.掌握溶剂喷枪的工作原理 3.掌握溶剂喷枪主要组件的作用及其调节方法 4.了解溶剂喷枪的类型	1.能正确调整喷枪涂料喷出的幅度状态、气压的大小、溶剂喷出量的大小 2.能正确调节喷枪的距离、角度、速度和重叠喷涂，掌握手腕固定的要领 3.能达到水滴喷涂的良品状态 4.掌握喷枪调整的方法		4 小时
		粉末喷枪的结构、工作原理及使用方法	1.熟悉静电粉末喷枪的原理 2.了解静电粉末喷枪的种类 3.了解摩擦荷电静电粉末喷枪的工作原理	会使用粉末喷枪，并能正确调节		3 小时

续表

序号	项目	任务	课程内容与要求			学习时长
			知识目标	技能目标	素养目标	
		喷枪的日常维护及维修	1.熟悉喷枪的日常维护 2.熟悉喷枪出现的问题及其解决办法	1.会对喷枪进行保养 2.会对喷枪常见故障进行诊断及排除		3 小时
6	涂装的检测方法及行业标准	涂装中常用的国家检测标准	1.了解涂层光泽测定法 2.了解涂膜鲜映性测定法 3.了解便携式鲜映性测定仪（PGD）使用方法 4.了解图像分辨法 5.了解涂层张力测定法 6.了解涂膜能见度极限测定法 7.了解雾影测定法 8.了解涂膜橘皮测定法 9.了解涂膜铅笔硬度测定法 10.了解涂膜干性试验法 11.了解烘道温度追踪测定	1.会涂层光泽测定法 2.会涂膜鲜映性测定法 3.会使用便携式鲜映性测定仪（PGD） 4.会图像分辨法 5.会涂层张力测定法 6.会涂膜能见度极限测定法 7.会雾影测定法 8.会涂膜橘皮测定法 9.会涂膜铅笔硬度测定法 10.会涂膜干性试验法 11.会烘道温度追踪测定法		5 小时
		涂料质量及涂层性能检测	了解以下知识： 1.黏度 2.落球黏度计法 3.福特杯法 4.气泡计时法 5.固体含量 6.密度 7.细度 8.遮盖力 9.干燥时间	会用不同的方法进行涂料质量及涂层性能检测		5 小时
		涂层物性测定	了解以下知识： 1.涂层厚度 2.涂层硬度 3.涂层光泽 4.涂层耐冲击性 5.涂层柔韧性 6.涂层附着力 7.颜色及色差 8.老化试验 9.耐腐蚀试验	会进行涂层物性优良度测定		6 小时

（四）岗位条件

（1）道场实验条件：喷水实验台，手感模拟工作台。
（2）涂装作业生产线。

（五）岗位能力评价

理论考试，现场操作，现场答辩。

（六）考核评价表

涂装工岗位等级考核评价表如表 7-5 所示。

表 7-5　涂装工岗位等级考核评价表

姓名　　　　　　　　　　　　　　评审员　　　　　　　　　　　　　　等级

序号	项目	考核内容	考核方式	考核等级及成绩			备注
				C 级	B 级	A 级	
1	素养	1.以积极的态度对待工作，严格遵守公司各项制度	现场答辩				
		2.熟知涂装各岗位的安全操作规程并严格遵守					
		3.熟知涂装各岗位的危险发生源					
		4.增强学习能力，努力提高自己的知识、技能，适应公司发展的需要					
		5.对自己承担的工作要有责任感，每项工作必须确认					
		6.日常工作中有异常时要养成“停止、汇报、等待”的良好习惯					
2	涂装理论	1.了解涂装的定义及其作用 2.了解涂装的特点及其分类	理论考试				
		3.了解涂装作业的危害及其安全急救措施					
		4.掌握人体劳保物品穿戴方法及其作用					
		5.上海大金前处理岗位劳防用品佩戴					
		6.掌握涂装作业一般安全操作规程					
		7.了解静电粉末喷涂的特点					
		8.了解粉末回收设备的介绍					
		9.掌握粉体涂装完成品表面缺陷的等级划分及其检测方法					
		10.了解 DIS 粉末涂装生产线工艺流程及其设备介绍					
		11.了解涂装前技术处理目的及其方法					

续表

序号	项目	考核内容	考核方式	考核等级及成绩			备注
				C 级	B 级	A 级	
		12.掌握 DIS 检验基准					
		13.了解钣金件的表面（前）处理					
		14.了解粉体涂装预脱脂、脱脂工艺流程					
		15.熟悉上海大金化学脱脂法的各项工艺管理数据					
		16.掌握常用化学药剂的特性					
		17.掌握涂装作业的安全急救措施					
		18.掌握上海大金常用的化学药剂及其急救措施					
		19.掌握溶剂喷枪的工作原理、结构及使用方法					
		20.了解喷枪的日常维护方法及故障排除方法					
3	涂装技能	1.能正确穿戴劳防用品	现场操作				
		2.能进行药剂异常情况急救处理					
		3.能正确调整喷枪涂料喷出的幅度状态、气压的大小、溶剂喷出量的大小					
		4.能正确调整喷枪的距离、角度、速度和重叠喷涂，掌握手腕固定的要领					
		5.能鉴别钣金件的表面（前）处理好坏					
		6.能识别前处理药剂					
		7.会绘制 DIS 静电涂装流水线工艺流程图					
		8.能对涂装不良品进行定义					
		9.能对喷枪进行保养和常见故障诊断及排除					
		10.会进行涂料质量及涂层性能检测					
		11.会进行涂层物性测定					

三、大金空调（上海）有限公司设备保全岗位标准

岗位编号：TZ003。

适用行业、企业：空调生产企业。

岗位性质：战略岗位。

岗位学习时长：46 小时。

（一）岗位性质

1．岗位定位

（1）岗位地位：本岗位是大金空调（上海）有限公司的战略岗位，工作技能被定位为企业三大战略技能之一，通过设备的维修、维护，确保各种生产设备的正常运转，保质、保量和及时完成生产任务，在整个生产中起重要的作用。

（2）岗位功能：严格按照设备技术规范，对设备进行定期的预防保全；在使用中设备发生故障时，严格按照故障处置流程，执行各项修理作业，确保生产设备安全有效地工作，维护作业中有异常时要养成“停止、汇报、等待”的良好习惯。

2．岗位前期准备

具备企业一般岗位工作能力，遵守公司各项规章制度，有较强的安全生产及品质意识，服从上级安排。

身体条件要求：一般智力水平，色觉正常，味觉正常，手指手臂灵活，动作协调。

（二）岗位能力要求

1．总要求

具有较强的职业操守，能做好劳动保护、环保、安全文明生产工作，具备企业战略岗位工作能力。

2．具体要求

（1）知识要求：掌握设备保全的基础知识；了解 DIS 空调生产设备的控制要求及动作原理，熟悉设备的工艺流程，掌握设备上各种电气控制元件、传感器、空压控制、变频器控制的基础理论；了解欧姆龙 PLC 的控制原理特性，掌握设备工作原理、结构及其使用调整方法，了解设备日常维护方法及故障排除方法。

（2）技能要求：安全操作，正确穿戴劳防用品，会根据点检表要求正确进行设备点检并能够进行点检表的填写，会设备电气控制元件 PLC 的接线、维修，会对设备上空压控制电磁阀、气缸等调整修理，会根据故障现象排除设备上传感器的故障，能正确安装接线，能正确设置、调整三菱变频器的参数，能进行高低速的控制接线，掌握设备修理的方法流程，能正确使用工具进行设备维护保养，能对设备故障进行综合分析并实施修理。

（3）素养要求：安全操作，爱岗敬业，团结协作，吃苦耐劳，服从安排。

（三）岗位考核内容与要求

设备保全岗位考核内容与要求如表 7-6 所示。

表 7-6　设备保全岗位考核内容与要求

序号	项目	任务	课程内容与要求			学习时长
			知识目标	技能目标	素养目标	
1	设备保全基础知识	设备保全内容	1.理解设备保全的概念及意义 2.掌握点检管理内容 3.掌握设备的保养方法	1.能正确点检设备 2.会对设备进行保养	1.培养学生的安全产生、设备保意识 2.培养学生的工作责任心	2 小时
		设备的保养和维修	1.掌握大金品质关联的设备运行要求 2.掌握设备故障维修的定义、分类、维修方法 3.掌握设备检查的内容、方法 4.掌握设备定期保养、设备故障预防的方法	1.能对大金公司生产设备进行管理 2.能对设备故障进行分类 3.能对设备故障进行维修 4.会分析设备故障的规律	1.培养学生敏锐的观察能力 2.培养学生的安全意识 3.培养学生的工作责任心	2 小时
2	PLC 的安装与维护	认识 PLC	1.掌握 PLC 概述 2.了解 PLC 的发展历程和发展趋势 3.掌握 PLC 系统的性能	1.能分析 PLC 在控制领域的应用效率 2.能分辨小型 PLC 和大中型 PLC 在应用领域方面的不同	1.培养学生诚实、守信、吃苦耐劳的品质 2.培养学生善于思考及发现问题的能力	2 小时
		认识欧姆龙 CJ1M—CPU22 型 PLC	1.了解欧姆龙 CJ1M-CPU22 型 PLC 特点 2.理解欧姆龙 CJ1M-CPU22 型 PLCOMORN PLC 组成	1.能识别欧姆龙 CJ1M-CPU22 型 PLC 2.能分辨出欧姆龙 PLC 不同型号的应用领域	1.培养学生规范操作、安全文明生产的意识 2.培养学生一丝不苟的工作态度	2 小时
		欧姆龙 CJ1M-CPU22 型 PLC 模块的组装	1.掌握欧姆龙 CJ1M-CPU22 型 PLC 模块的组装方法 2.掌握欧姆龙 CJ1M-CPU22 型 PLC 模块的组装步骤	1. 能将欧姆龙 CJ1M-CPU22 型 PLC 模块正确地安装到导轨上 2. 能正确组装欧姆龙 CJ1M-CPU22 型 PLC 模块	1.培养学生严谨的工作作风 2.培养学生善于观察和思考的习惯	2 小时

续表

序号	项目	任务	课程内容与要求			学习时长
			知识目标	技能目标	素养目标	
2	PLC的安装与维护	欧姆龙CJ1M-CPU22型PLC外部连接	1.掌握欧姆龙CJ1M-CPU22型PLC电源的连接方法 2.掌握欧姆龙CJ1M-CPU22型PLC输入模块的连接方法 3.掌握欧姆龙CJ1M-CPU22型PLC输出模块的连接方法	1.掌握欧姆龙CJ1M-CPU22型PLC电源的连接 2.掌握欧姆龙CJ1M-CPU22型PLC输入模块的连接 3.掌握欧姆龙CJ1M-CPU22型PLC输出模块的连接	1.培养学生的思考能力 2.培养学生的7S职业素养	4小时
		编写欧姆龙CJ1M-CPU22型PLC控制程序	1.掌握PLC循环扫描工作方式的特点 2.掌握梯形图编程语言的编程方法 3.掌握PLC基本指令 4.掌握PLC常用的应用指令	1.能用基本指令编写出基本的程序 2.能用常用的应用指令编写出具有计数、定时功能的控制程序	1.培养学生规范操作的工作习惯 2.培养学生的7S职业素养	4小时
3	电磁阀、气缸气压传动技术应用	空压回路的组成	1.掌握空压回路的组成 2.理解空压回路的工作原理	1.能写出空压部分的组成 2.能写出空压部分的作用	1.培养学生分析问题的能力 2.培养学生的思考能力	2小时
		认识电磁阀	1.掌握电磁阀的种类 2.掌握电磁阀的内部结构 3.掌握电磁阀的功能	1.能写出电磁阀的功能 2.能识别电磁阀	1.培养学生规范操作的工作习惯 2.培养学生的7S职业素养	2小时
		安装电磁阀	1.掌握电磁阀的工作原理 2.掌握电磁阀电路的安装方法 3.掌握电磁阀气路的安装步骤	1.会安装电磁阀电气控制电路 2.会安装电磁阀气路控制回路	1.培养学生的思考能力 2.培养学生的7S职业素养	2小时
		安装气压控制模拟回路	1.掌握气压控制模拟回路的安装步骤 2.掌握气压控制模拟回路调节气压大小的方法	1.能正确安装气压控制模拟回路 2.能正确调节气压控制模拟回路气压值	1.培养学生学习和观察的能力 2.培养学生规范操作、安全文明生产的意识	4小时

续表

序号	项目	任务	课程内容与要求			学习时长
			知识目标	技能目标	素养目标	
		气缸维修	1.掌握气缸的作用 2.理解气缸的工作原理 3.掌握气缸的维修方法	1.能对气缸进行保养维护 2.能维修气缸	1.培养学生诚实、守信、吃苦耐劳的品质 2.培养学生规范操作、安全文明生产的意识	4 小时
4	三菱变频器的应用	认识变频器	1.理解变频器的功能 2.掌握变频器的硬件组成 3.掌握变频器各部分硬件电路的功能	1.能写出变频器的功能 2.能写出变频器的硬件组成	1.培养学生诚实、守信、吃苦耐劳的品质 2.提升思考及发现问题的能力	1 小时
		认识三菱 D720S 变频器	1.了解三菱 D720S 变频器的参数 2.掌握三菱 D720S 变频器面板按钮的功能	1.能写出三菱 D720S 的主要参数 2.能写出三菱 D720S 变频器面板按钮的功能	1.培养学生一丝不苟的工作态度 2.培养学生诚实、守信、吃苦耐劳的品质	1 小时
		安装三菱 D720S 变频器	1.掌握三菱 D720S 主电路的安装方法 2.掌握三菱 D720S 变频器的控制电路安装方法	1.能安装三菱 D720S 变频器的主电路 2.能安装三菱 D720S 变频器的控制电路	1.培养学生一丝不苟的工作态度 2.培养学生诚实、守信、吃苦耐劳的品质	2 小时
		设置三菱 D720S 变频器	1.掌握 D720S 变频器的基本设置方法 2.掌握三菱 D720S 变频器控制三相电机转速的方法 3.了解三菱 D720S 变频器常见故障代码	1.能设置 D720S 变频器 2.能用三菱 D720S 变频器控制三相电机转速 3.会分析三菱 D720S 变频器常见故障代码对应的故障	1.培养学生的思考能力 2.培养学生的 7S 职业素养	2 小时
5	光电开关和接近开关的应用	认识传感器	1.掌握传感器的作用 2.掌握传感器的分类	1.能判别常用传感器的类别 2.能正确选择传感器	1.培养学生诚实、守信、吃苦耐劳的品质 2.提升学生思考及发现问题的能力	1 小时
		认识光电传感器	1.掌握光电传感器的功能 2.理解光电传感器的工作原理	1.能写出光电传感器的功能 2.能写出光电传感器的工作原理	1.培养学生爱岗敬业和良好的团队合作意识 2.培养学生规范操作、安全文明生产的意识	1 小时

续表

序号	项目	任务	课程内容与要求			学习时长
			知识目标	技能目标	素养目标	
5	光电开关和接近开关的应用	安装光电开关	1.掌握光电开关传感器的选用方法 2.掌握光电开关的安装方法	1.能正确选用光电开关传感器 2.会安装光电开关	1.培养学生诚实、守信、吃苦耐劳的品质 2.培养学生规范操作、安全文明生产的意识	2 小时
		认识接近开关	1.掌握接近开关传感器的功能 2.理解接近开关传感器的工作原理	1.能写出接近开关传感器的功能 2.能写出接近开关传感器的工作原理	1.培养学生诚实、守信、吃苦耐劳的品质 2.提升思考及发现问题的能力	2 小时
		安装接近开关	1.掌握接近开关传感器的选用方法 2.掌握接近开关的安装方法	1.能正确选用接近开关传感器 2.会安装接近开关	1.培养学生诚实、守信、吃苦耐劳的品质 2.培养学生思考及发现问题的能力	2 小时

（四）岗位条件

（1）道场实验条件：PLC 控制实验台，传感器控制工作台，空压控制模拟台，变频器控制台。

（2）编程用电脑，维修用工具。

（五）岗位能力评价

理论考试，现场操作，现场答辩。

（六）考核评价表

设备保全工岗位等级考核评价表如表 7-7 所示。

表 7-7 设备保全工岗位等级考核评价表

姓名 评审员 等级

<table>
<tr><th rowspan="2">序号</th><th rowspan="2">项目</th><th rowspan="2">考核内容</th><th rowspan="2">考核方式</th><th colspan="3">考核等级及成绩</th><th rowspan="2">备注</th></tr>
<tr><th>C 级</th><th>B 级</th><th>A 级</th></tr>
<tr><td rowspan="6">1</td><td rowspan="6">素养</td><td>1.以积极的态度对待工作，严格遵守公司各项制度</td><td rowspan="6">现场答辩</td><td rowspan="6"></td><td rowspan="6"></td><td rowspan="6"></td><td rowspan="27"></td></tr>
<tr><td>2.熟知设备保全各岗位的安全操作规程并严格遵守</td></tr>
<tr><td>3.熟知设备保全各岗位的危险发生源</td></tr>
<tr><td>4.增强学习能力，努力提高自己的知识、技能水平，适应满足公司发展的需要</td></tr>
<tr><td>5.对自己承担的工作要有责任感，每项工作必须确认</td></tr>
<tr><td>6.日常工作中有异常时要养成“停止、汇报、等待”的良好习惯</td></tr>
<tr><td rowspan="21">2</td><td rowspan="21">设备保全理论</td><td>1.了解设备保全的定义和作用</td><td rowspan="21">理论考试</td><td rowspan="21"></td><td rowspan="21"></td><td rowspan="21"></td></tr>
<tr><td>2.了解设备点检的方法和内容</td></tr>
<tr><td>3.掌握设备定期保养、设备故障预防的方法</td></tr>
<tr><td>4.掌握 PLC 发展概述</td></tr>
<tr><td>5.掌握 PLC 系统的性能</td></tr>
<tr><td>6.了解欧姆龙 CJ1M－CPU22 型 PLC 的特点</td></tr>
<tr><td>7.理解欧姆龙 CJ1M－CPU22 型 PLC 的组成</td></tr>
<tr><td>8.掌握欧姆龙 CJ1M-CPU22 型 PLC 模块的组装方法</td></tr>
<tr><td>9.掌握欧姆龙 CJ1M-CPU22 型 PLC 电源的连接方法</td></tr>
<tr><td>10.掌握欧姆龙 CJ1M-CPU22 型 PLC 输入、输出模块的连接方法</td></tr>
<tr><td>11.掌握 PLC 循环扫描工作方式的特点</td></tr>
<tr><td>12.掌握 PLC 基本指令、常用的应用指令</td></tr>
<tr><td>13.掌握梯形图编程语言的编程方法</td></tr>
<tr><td>14.掌握设备空压回路的组成</td></tr>
<tr><td>15.掌握电磁阀的种类、电磁阀的内部结构</td></tr>
<tr><td>16.掌握电磁阀气路的安装步骤</td></tr>
<tr><td>17.掌握气路控制回路的安装步骤</td></tr>
<tr><td>18.掌握气压回路调节气压大小的方法</td></tr>
<tr><td>19.掌握气缸的作用，理解气缸的工作原理</td></tr>
<tr><td>20.了解气缸密封故障的排除方法</td></tr>
<tr><td>21.掌握气缸的维修方法</td></tr>
</table>

续表

序号	项目	考核内容	考核方式	考核等级及成绩			备注
				C级	B级	A级	
2	设备保全理论	22.理解变频器的功能，掌握变频器的硬件组成					
		23.掌握变频器各部分硬件电路的功能					
		24.了解三菱D720S变频器的参数					
		25.掌握三菱D720S变频器面板按钮的功能					
		26.掌握三菱D720S主电路的安装方法					
		27.掌握三菱D720S变频器控制电路的安装方法					
		28.掌握D720S变频器的基本设置方法					
		29.掌握三菱D720S变频器控制三相电机转速的方法					
		30.了解三菱D720S变频器常见故障代码					
		31.掌握传感器的作用和分类					
		32.掌握光电传感器的功能					
		33.掌握光电开关传感器的选用方法					
		34.掌握光电开关的安装方法					
		35.掌握接近开关传感器的功能					
		36.理解接近开关传感器的工作原理					
		37.掌握接近开关传感器的选用方法					
		38.掌握接近开关的安装步骤和方法					
3	设备保全技能	1.能对设备进行正确点检	现场操作				
		2.会对设备进行保养、维护					
		3.能对设备故障进行维修					
		4.能分辨小型PLC和大中型PLC在应用领域方面的不同					
		5.能识别欧姆龙CJ1M－CPU22型PLC型号					
		6.能分辨出欧姆龙PLC不同型号的应用领域					
		7.能把欧姆龙CJ1M-PA202型PLC电源模块正确安装到导轨上					
		8.能正确组装欧姆龙CJ1M-CPU22型PLC模块					
		9.能连接欧姆龙CJ1M-CPU22型PLC电源					
		10.能连接欧姆龙CJ1M-CPU22型PLC输入/输出模块					
		11.能用基本指令编写出基本的程序					
		12.能用常用的应用指令编写出具有计数、定时功能的控制程序					

续表

序号	项目	考核内容	考核方式	考核等级及成绩			备注
				C级	B级	A级	
3	设备保全技能	13.能写出空压系统各部分的组成					
		14.能写出电磁阀的功能					
		15.能识别不同类型的电磁阀					
		16.会安装电磁阀电气控制电路					
		17.会安装电磁阀气路控制回路					
		18.能正确调节气压控制模拟回路气压值					
		19.能对气缸进行保养维护					
		20.能写出变频器的功能及硬件组成					
		21.能写出三菱 D720S 变频器面板按钮的名称和功能					
		22.能安装三菱 D720S 变频器的主电路					
		23.能安装三菱 D720S 变频器的控制电路					
		24.能设置 D720S 变频器					
		25.能用三菱 D720S 变频器控制三相电机转速					
		26.会分析三菱 D720S 变频器常见故障代码对应的故障					
		27.能判别常用传感器的类别					
		28.会写出光电传感器的功能					
		29.会写出光电传感器的工作原理					
		30.能正确选用光电开关传感器					
		31.会安装光电开关					
		32.能写出接近开关传感器的功能					
		33.能写出接近开关传感器的工作原理					
		34.能正确选用接近开关					
		35.会安装接近开关					

四、大金空调（上海）有限公司检查岗位标准

岗位编号：TZ004。

适用行业、企业：空调生产企业。

岗位性质：一般技能岗位。

岗位学习时长：36 小时。

（一）岗位性质

1. 岗位定位

（1）岗位地位：本岗位是大金空调（上海）有限公司的一般技能岗位，员工通过学校学习初步具备空调专业知识，再经历生产组装线各岗位的锻炼实践，已经具备较强的动手能力和品质意识，在整个生产制造环节中起着基础作用。

（2）岗位功能：按生产计划进行生产作业控制，确保各空调组装流水线生产任务完成。严格执行各项作业质量标准、生产工艺文件、设备操作规程、安全生产制度，确保流水线不良品及时发现检出、隔离，最终产品不流入市场。日常工作中有异常时要养成“停止、汇报、等待”的良好习惯。

2. 岗位前期准备

能够遵守公司各项规章制度，有较强的安全生产及品质意识，服从上级安排。

身体条件要求：具有较高的智力水平，视力良好，听力良好，且有良好的语言表达能力和人际沟通能力。

（二）岗位能力要求

1. 总要求

具有较强的职业操守，能做好劳动保护，做到环保、安全文明生产，具备一般技能岗位必备的基础工作能力。

2. 具体要求

（1）知识要求：掌握品质基础知识，掌握空调制冷、制热基本原理；熟悉空调系统主要机能部品的工作原理，了解生产制造环节容易出现的不良现象，了解大金空调各生产线的品质控制过程。

（2）技能要求：正确穿戴劳防用品，遵守各项安全操作规程，安全操作，避免发生危险工伤事故；正确使用工具、量具，并正确记录测试数值；具备良好的识图能力，正确理解图面包含的知识点和各类要求，并通过实际测量出来的数值加以判断；能够敏锐地判断出不良品，及时隔离并汇报上级领导；熟知不良品处理流程，杜绝不良品批量不良的情况发生；熟练操作气密、绝缘、运转检查等检查设备，做好每日设备点检，发现设备异常及时报告；试验数据正确记录，结合生产工艺要求文件，判定试验数值是否符合公差要求，杜绝不良品流入下一道工序。

（3）素养要求：安全操作，爱岗敬业，团结协作，吃苦耐劳，服从安排。

（三）岗位考核内容与要求

检查岗位考核内容与要求如表 7-8 所示。

表 7-8　检查岗位考核内容与要求

序号	项目	任务	课程内容与要求			学习时长
			知识目标	技能目标	素养目标	
1	大金图纸识别	制图基础	1.掌握投影的定义 2.掌握三投影的概念 3.掌握大金图纸第三视角投影的区分	1.具备空间想象力 2.能看懂图纸所包含的全部信息 3.能够根据图纸判断实物是否按图施工	提高专业知识水平，为今后的学校实践课程和工厂实习打下扎实的基础	4小时
		图面种类	1.了解生产用图的分类 2.了解商业用图的分类 3.了解图号编制的构成方法			
		图面构成	1.了解图面情报栏信息 2.了解改正情报栏信息 3.了解部品情报栏信息 4.了解品质情报栏信息			
		图面内容解读	1.了解子部品的构成与番号 2.了解材质要求备注事项 3.了解标准公差和要求 4.了解设计变更内容			
2	量具知识	量具基本知识	1.了解量具的定义 2.掌握长度单位	掌握所有长度国际单位	提高动手能力，为后续课程的学习、实践、就业打下基础	4小时
		常用量具介绍	了解以下量具： 1.卷尺、钢直尺 2 游标卡尺 3.千分尺 4.角度尺	会熟练使用各类量具		
		常用量具精度介绍	了解不同量具可以达到的精度： 1.卷尺：精度 0.5mm 2 游标卡尺：精度 0.02mm 3.千分尺：精度 0.01mm 4.角度尺：精度 2′	掌握各类量具的精度标准，正确选择量具		

续表

<table>
<tr><th rowspan="2">序号</th><th rowspan="2">项目</th><th rowspan="2">任务</th><th colspan="3">课程内容与要求</th><th rowspan="2">学习时长</th></tr>
<tr><th>知识目标</th><th>技能目标</th><th>素养目标</th></tr>
<tr><td rowspan="3">2</td><td rowspan="3">量具知识</td><td>常用量具使用前注意事项</td><td>掌握以下常用量具使用前注意事项：
1.查看量具管理编号及有效期
2.查看量具无损坏、变形、生锈等异常现象
3.万能角度尺等精密量具使用前须先校零</td><td rowspan="3">1.能够正确使用各类量具
2.具有较强的动手能力</td><td rowspan="3"></td><td rowspan="3"></td></tr>
<tr><td>常用量具的正确使用方法</td><td>掌握常用量具的正确使用方法，包括：
1.首先正确选用合适的量具
2.工件测量表面要擦干净
3.避免粗糙的表面和带毛刺
4.受到不应有的损伤
5.一般应反复测量几次
6.量具用后擦干净</td></tr>
<tr><td>量具的维护与保养</td><td>掌握量具的维护与保养方法，包括：
1.定期对量具按进行严格、全面的检查
2.量具要有其专门的放置地点</td></tr>
<tr><td rowspan="4">3</td><td rowspan="4">品质基础知识</td><td>品质意识</td><td>了解品质的定义：一组固有特性满足要求的程度</td><td rowspan="4">1.具备品质的概念
2.熟知大金质量控制系统的各个重要环节</td><td rowspan="4">培养学生初步的品质意识</td><td rowspan="4">3小时</td></tr>
<tr><td>品质特性</td><td>1.了解特性可以是固有的或被赋予的
2.了解固有特性与赋予特性是相对的</td></tr>
<tr><td>品质的四个阶段</td><td>了解产品品质的阶段：
1.要求品质
2.设计品质
3.制造品质
4.服务品质</td></tr>
<tr><td>标准化文书作业管理</td><td>熟悉大金标准化文件：
QS（检验标准书）
MQ（制造过程管理表）
SS（作业规格书）
QD（质量点检表）
EW（通用作业指示书）
GWS（个别作业指示书）</td></tr>
<tr><td>4</td><td>空调原理知识</td><td>空调定义</td><td>了解空调基础知识：
1.空气调节
2.空调四要素</td><td>了解温度、湿度、空气质量系数的意义</td><td>提高专业知识水平，为今后的学校实践课程和工厂实习打下扎实基础</td><td>6小时</td></tr>
</table>

续表

<table>
<tr><th rowspan="2">序号</th><th rowspan="2">项目</th><th rowspan="2">任务</th><th colspan="3">课程内容与要求</th><th rowspan="2">学习时长</th></tr>
<tr><th>知识目标</th><th>技能目标</th><th>素养目标</th></tr>
<tr><td rowspan="3">4</td><td rowspan="3">空调原理知识</td><td>空调原理</td><td>熟知空调原理：
1.空调制冷工作原理
2.空调制热工作原理
3.空调系统洁净度、干燥度、密封度、真空度</td><td>了解冷媒在制冷、制热状态下，温度压力的不同变化</td><td rowspan="3"></td><td rowspan="3"></td></tr>
<tr><td>空调部品</td><td>1.空调主要机能部品（压缩机、空气热交、四通阀、节流装置）
2 空调主要构成部品（马达、风扇、P板）</td><td>1.能识别不同的部品
2.知晓部品的工作原理</td></tr>
<tr><td>空调组立不良案例</td><td>了解多岗位不良：
1.制造不良——焊接不良
2.制造不良——组装不良（螺丝固定、插件安装、电装品安装等）</td><td>1.知晓不良分类方法
2.知晓各类制造不良产生的严重后果
3.知晓不良有 3 个等级</td></tr>
<tr><td rowspan="3">5</td><td rowspan="3">检查岗位</td><td>气密岗位</td><td>1.熟悉气密检查设备的结构
2.掌握气密检查设备的工作原理
3.掌握气密检查设备点检要领</td><td>1.会操作气密检测设备
2.熟练掌握工艺文件基准参数</td><td rowspan="3">具有乐于与他人共事的团队意识，能进行良好的团队合作</td><td rowspan="3">16小时</td></tr>
<tr><td>绝缘耐压岗位</td><td>1.熟悉绝缘耐压设备的结构
2.掌握绝缘耐压设备的工作原理
3.掌握绝缘耐压设备点检要领</td><td>1.会操作绝缘耐压设备
2.熟练掌握工艺文件基准参数</td></tr>
<tr><td>运转检查岗位</td><td>1.熟悉运转检查设备的结构
2.掌握运转检查设备的工作原理
3.掌握运转检查设备点检要领</td><td>1.会操作运转检测设备
2.熟练掌握工艺文件基准参数</td></tr>
<tr><td rowspan="2">6</td><td rowspan="2">不良品处理</td><td>不良品定义</td><td>了解：
1.不一样的地方即不良
2.不良分为部品不良和组装不良
3.不良品的发现与识别</td><td>提升个人发现不良的能力，提高专业知识水平</td><td rowspan="2">1.具有善于动脑、勤于思考、及时发现问题的工作习惯
2.具有乐于与他人共事的团队意识，能进行良好的团队合作</td><td rowspan="2">3小时</td></tr>
<tr><td>不良品隔离</td><td>了解：
1.不良品货架
2.不良品处置表
3.不良品处置流程</td><td>了解不良品处理的各个流程，增强团队协作能力</td></tr>
</table>

续表

序号	项目	任务	课程内容与要求			学习时长
			知识目标	技能目标	素养目标	
6	不良品处理	不良品分析	掌握： 1.不良品数据收集 2.不良品种类 3.不良品原因分析 4.对策实施及跟踪	掌握质量分析工具，解决问题点，控制不良再发		

（四）岗位条件

（1）品质道场：各机能部品展示台。

（2）各组立作业生产线。

（五）岗位能力评价

理论考试，现场操作，现场答辩。

（六）考核评价表

检查岗位等级考核评价如表 7-9 所示。

表 7-9　检查岗位等级考核评价表

序号	项目	考核内容	考核方式	考核等级及成绩			备注
				C 级	B 级	A 级	
1	素养	1.以积极的态度对待工作，严格遵守公司各项制度	现场答辩				
		2.熟知组立流水线各岗位的安全操作规程并严格遵守					
		3.熟知组立流水线各岗位的危险发生源					
		4.增强学习能力，努力提高自己的知识、技能，适应公司发展的需要					
		5.对自己承担的工作要有责任感，每项工作必须确认					
		6.日常工作中有异常时要养成“停止、汇报、等待”的良好习惯					
2	品质基础理论	1.了解品质的定义及特性	理论考试				
		2.了解品质的四阶段分类和定义					
		3.了解大金品质管理控制系统的各个环节					
		4.知晓大金品质方针					
		5.知晓大金组装、检查岗位劳防用品的佩戴					
		6.掌握检查岗位安全操作规程					
		7.了解大金图纸的特点和分类					
		8.根据特定大金图纸，解读图面包含信息内容					
		9.掌握量具的不同精度标准和使用要领					

续表

序号	项目	考核内容	考核方式	考核等级及成绩			备注
				C 级	B 级	A 级	
2	品质基础理论	10.了解空调特性和其他四要素					
		11.了解空调工作原理，能完成系统图的绘制					
		12.掌握 DIS 各类现场生产使用作业指导书					
		13.了解空调主要组成元器件的名称					
		14.了解空调主要组成元器件的工作原理					
		15.熟悉制造不良分类					
		16.熟悉制造不良案例及影响后果					
		17.熟悉产品不良等级区分标准					
		18.熟悉不良品分类范畴					
		19.熟悉不良品处理流程					
		20.初步了解质量分析工具种类					
3	品质检查技能	1.能正确穿戴劳防用品	现场操作				
		2.能正确点检与自己作业相关的设备（气密、绝缘耐压、运转检查）					
		3.能正确操作与自己作业相关的设备（气密、绝缘耐压、运转检查）					
		4.能正确记录检查数据并判断合格品/不良品					
		5.能及时识别、隔离不良品					
		6.能正确分析不良品出现的原因					
		7.熟练掌握本岗位相关作业要领、工艺文件基准参数					
		8.对本岗位关联设备的常见故障进行诊断及排除					

五、大金空调（上海）有限公司产品组装岗位标准

岗位编号：TZ005。

适用行业、企业：空调生产企业。

岗位性质：一般技能岗位。

岗位学习时长：84 小时。

（一）岗位性质

1．岗位定位

（1）岗位地位：本岗位是大金空调（上海）有限公司的一般技能岗位，几乎贯穿空调生产的全过程，通过掌握空调生产基础技能及知识，确保空调生产任务的保质、保量和及时完成，在整个生产过程中起基础保障作用。

（2）岗位功能：按生产计划进行生产作业控制，确保各项空调生产任务完成。严格执行各项作业质量标准、生产工艺文件、设备操作规程、安全生产制度，确保产品质量。日常工作中有异常时要养成“停止、汇报、等待”的良好习惯。

2．岗位前期准备

具备企业一般岗位工作能力，遵守公司各项规章制度，有较强的安全生产及品质意识，服从上级安排。

身体条件要求：一般智力水平，色觉正常，味觉正常，手指手臂灵活，动作协调。

（二）岗位能力要求

1．总要求

具有较强的职业操守，能做好劳动保护、环保、安全文明生产工作，具备企业一般技能岗位工作能力。

2．具体要求

（1）知识要求：掌握现场组装相关的基础知识，了解空调生产的工艺流程及相关操作；懂得现场安全、品质理论相关知识，熟悉现场品质文件的应用，掌握角品、GWS、机种规格表等相关文件的识别；能够识别现场危险源，掌握设备点检要求。

（2）技能要求：安全操作，正确穿戴劳防用品，能正确使用气动枪、力矩枪；具备螺丝紧固操作、断热材铭牌贴敷、岗位部品识别等能力；具备岗位不良的分析、判断及解决能力；掌握扎线、U型管插入的相关应用；具备岗位工具、治具操作能力。

（3）素养要求：安全操作，爱岗敬业，团结协作，吃苦耐劳，服从安排。

（三）岗位考核内容和要求

产品组装岗位考核内容与要求如表7-10所示。

表 7-10 产品组装岗位考核内容与要求

序号	项目	任务	课程内容与要求			学习时长
			知识目标	技能目标	素养目标	
1	安全培训	规则	1.了解通用安全规则 2.掌握异常应急处置方法 3.了解现场安全规程	1.能正确穿戴劳防用品 2.能根据不同岗位正确穿戴劳防用品	1.提高动手能力，为后续课程的学习、实践、就业打下基础 2.具有诚实守信、勤奋敬业、吃苦耐劳的品质 3.具有善于动脑、勤于思考、及时发现问题的学习习惯 4.具有乐于与他人共事的团队意识，能进行良好的团队合作 5.具有爱护设备和检测仪器的良好习惯 6.具有安全操作的工作意识 7.具有一定的企业岗位工作能力	4小时
		案例	1.了解现场安全规则的应用 2.了解以往安全事故的发生原因	1.能对异常进行定义 2.能对异常进行及时的定义		4小时
		KYT	1.掌握现场安全识别能力 2.掌握 KYT 的基本要求及应用	1.能对现场危险源进行识别 2.学会危险源的提前处置		4小时
2	理论教育	品质教育	1.掌握现场品质文件的应用及识别 2.掌握现场品质相关的操作要求	1.能正确发放信号卡 2.能正确使用 GWS、角品、机种规格表、中断卡、处置来历票		2小时
		点检培训	1.掌握设备点检表的应用 2.认识点检的重要性	1.掌握各类情况在点检表中的表达方式 2.掌握点检表的具体填写要求		2小时
		劳务管理	1.了解劳务相关规程 2.理解月度考评制度 3.掌握各类考勤表格的填写	1.能正确填写各类考勤表格 2.了解月度考评规则的具体应用		1小时
		素质教育	1.理解职业与职业道德的定义与内容 2.掌握员工行为规范	1.能调整正确的心态 2.掌握正确的行为规范		1小时
3	产品组装的一般技能教育	气动螺丝枪	掌握以下知识： 1.什么是气动螺丝枪 2.气动螺丝枪构造 3.气动螺丝枪使用方法 4.螺丝固定不良现象 5.气动螺丝枪使用注意事项	1.掌握耳塞的正确打结 2.掌握气动螺丝枪的正确使用 3.识别各类螺丝紧固的不良及产生原因 4.能在规定时间内达成要求的紧固数量（良品数）		36小时

续表

序号	项目	任务	课程内容与要求			学习时长
			知识目标	技能目标	素养目标	
3	产品组装的一般技能教育	力矩螺丝枪	掌握以下知识： 1.什么是力矩螺丝枪 2.力矩螺丝枪构造 3.力矩螺丝枪适用场所 4.力矩螺丝枪扭矩调节方式 5.力矩螺丝枪使用方法 6.接线方法 7.螺丝固定不良现象 8.力矩螺丝枪使用注意事项	1.能正确使用力矩螺丝枪 2.能识别各类螺丝紧固的不良及产生原因 3.能在规定时间内达成要求的紧固数量（良品数）		8小时
		扎线培训	掌握以下知识： 1.扎带的含义 2.扎带的种类 3.现场扎带的应用 4.训练方法	1.能够区分各类扎带 2.能正确应用各类扎带 3.能在规定时间内达成要求的紧固数量（良品数）		8小时
		感知培训	掌握以下知识： 1.触觉 1 纸张的区分 2.触觉 2 导线的区分 3.视觉 1 螺丝分类 4.视觉 2 魔方	1.能区分各类纸张、螺丝、导线的分类 2.能根据 GWS 步骤进行拼转魔方		8小时
		U 型管插入培训	掌握以下知识： 1.空调热交式样 2.U 型管 3.空调基本原理 4.配列板 5.U 型管插入不良状态和正确插入方法 6.训练方法和不良案例	1.了解空调基本原理 2.能正确区分各类 U 型管 3.掌握 U 型管插入方法 4.能在规定时间内达成要求的插入数量（良品数）		6小时

（四）岗位条件

（1）理论教室条件：电脑、激光笔、品质相关文件（信号卡、角品、中断卡、机种规格表、处置来历票）。

（2）道场训练条件：气动枪训练作业台、力矩枪训练作业台、扎线训练作业台、感知训练作业台、U 型管插入训练作业台。

（3）组装作业生产线。

（五）岗位能力评价

理论考试，现场操作，现场答辩。

（六）考核评价表

产品组装岗位等级考核评价表如表 7-11 所示。

表 7-11 产品组装岗位等级考核评价表

姓名　　　　　　　　　　　　　　　评审员　　　　　　　　　　　　　　　等级

序号	项目	考核内容	考核方式	考核等级及成绩			备注
				C 级	B 级	A 级	
1	素养	1.以积极的态度对待工作，严格遵守公司各项制度	现场答辩				
		2.熟知产品组装各岗位的安全操作规程并严格遵守					
		3.熟知产品组装各岗位的危险发生源					
		4.增强学习能力，努力提高自己的知识、技能，适应公司发展的需要					
		5.对自己承担的工作要有责任感，每项工作必须确认					
		6.日常工作中有异常时要养成“停止、汇报、等待”的良好习惯					
2	安全理论	1.了解产品组装涉及的各类工治具的作用	理论考试				
		2.了解现场以往事故的发生原因及预防对策					
		3.了解产品组装作业的危害及安全急救措施					
		4.掌握产品组装各岗位劳防用品的正确穿戴方法及作用					
		5.掌握产品组装岗位一般安全操作规程					
		6.了解品质相关文件的应用					
		7.理解设备点检的重要性					
		8.掌握设备点检表的正确使用					
		9.掌握不良发生后的处置流程及处置来历票的正确填写					
		10.掌握劳务相关表格的填写					
		11.理解月度考评的相关规定					
		12.掌握 KYT 表格的正确填写					
		13.理解 6S 的概念、要求及现场应用					
		14.了解空调产品组装的工艺流程					
		15.理解职业道德的定义及员工的行为规范要求					
		16.掌握产品组装作业的安全急救措施					

续表

序号	项目	考核内容	考核方式	考核等级及成绩			备注
				C 级	B 级	A 级	
3	一般技能	1.能正确穿戴劳防用品	现场操作				
		2.能进行异常情况的急救处理					
		3.能正确使用气动螺丝枪并在规定时间内完成考核					
		4.能正确使用力矩螺丝枪并在规定时间内完成考核					
		5.能正确使用扎带并在规定时间内完成考核					
		6.能正确操作 U 型管插入并在规定时间内完成考核					
		7.理解并掌握感知训练的各项内容					
		8.具备各技能岗位不良的分析、判断及解决能力					

第六节　课程标准和课程实施标准

一、电工技术基础与技能课程标准

课程名称：电工技术基础与技能。

适用专业：电子技术应用（091300）。

学时与学分：144 学时，8 学分。

（一）课程性质

本课程为中等职业学校电子技术应用专业核心课程。通过对电工常用工具、物理量、定律定则等内容的学习，学生能够掌握电子技术应用专业必备的电工技术基础知识和基本技能，形成分析和解决生产生活中一般电工问题的能力，具备爱岗敬业、团结协作、规范操作等职业素养。本课程的前导课程有初中物理，后续或者同期开设的课程有电子技术基础与技能、电子测量技术、电子 CAD、传感器技术及应用、单片机技术及应用等。本课程为后续学习专业课程奠定基础，提供学习支撑。

（二）课程目标

通过本课程的学习，学生要达到以下目标。

1. 素养目标

（1）具有良好的职业道德，能自觉遵守行业法规、规范和企业规章制度。

（2）形成安全、环保、节能意识和规范操作意识。

（3）具有爱岗敬业、团结协作的职业精神。

（4）具有吃苦耐劳、服从安排的企业精神。

（5）养成爱护公共财产、勤俭节约的良好习惯。

2．知识目标

（1）能了解电工实训室的配置及常用工具的使用方法。

（2）能理解常用的电学物理量及其含义。

（3）能掌握欧姆定律和基尔霍夫定律。

（4）能了解电阻、电容、电感的种类和参数，掌握右手定则、左手定则。

（5）能掌握正弦交流电的三要素和旋转矢量表示法，以及解析式、波形图、矢量图的相互转换。

（6）能理解感抗、容抗、功率因数的意义，以及瞬时功率、有功功率、无功功率、视在功率的概念。

（7）能理解 RL、RC、RLC 串联电路的阻抗，能用电压三角形求解交流电路的未知量。

（8）能理解三相正弦对称电源的概念及相序的概念。

（9）能了解保护接地、保护接零的原理和方法。

（10）能掌握电气安全操作规程及要求。

3．技能目标

（1）会安全用电，会操作触电的现场急救。

（2）会连接导线、手工拆焊电子元器件。

（3）会识别与检测电阻、电容及电感等元件。

（4）能识读简单电路图，能对电路进行分析和计算。

（5）会正确选用和使用电工仪器仪表对电路进行测量和调试。

（6）会安装家居电路。

（7）会安装简单的三相异步电动机控制电路。

（三）课程内容与要求

本课程坚持立德树人的根本要求，结合中等职业学校学生的学习特点，遵循职业教育人才培养规律，落实课程思政要求，有机融入思想政治教育内容，紧密联系工作实际，突出应用性和实践性，注重学生职业能力和可持续发展能力的培养，结合中高本衔接培养需要，根据国家电子技术应用专业教学标准和重庆市人才培养指导方案对本课程的要求，合理设计如表 7-12 所示的学习单元（模块）和教学活动，并在素质、知识和技能等方面达到相应要求。

表 7-12　电子技术基础与技能课程学习单元（模块）和教学活动

序号	学习单元（模块）	职业能力	课程内容与要求			建议学时
			素养要求	知识要求	技能要求	
1	触电防范与急救	1.具有一定的安全防范观察和判断能力 2.具有触电防范与现场急救能力	1.养成遵守实训室安全用电制度及规程的习惯 2.具有时时处处安全用电与规范操作的职业意识	1.了解电工实训室操作规程 2.了解电工实训室的电源配置 3.了解交、直流电源 4.了解基本电工仪器仪表及常用的电工工具 5.了解安全电压的等级 6.了解人体触电的常见类型及原因 7.了解防止触电的常见保护措施 8.了解触电的现场处理方法 9.了解电气火灾的防范及扑救常识，能正确选择处理方法	1.会开启和关闭实训设备电源 2.会使用试电笔验电 3.会采取措施防止触电 4.会进行触电现场的正确处理与急救 5.能采取措施预防电气火灾，会正确使用常见的灭火器	10
2	直流电路的安装与检测	1.具有一定的学习理解能力 2.具有一定的观察能力和计算能力 3.具有安装电路的能力	1.具有正确使用和爱护仪器仪表的行为习惯 2.具有良好的人际沟通能力、分工协作的团队精神 3.养成文明操作、安全用电的习惯 4.养成善于思考、动手操作的行为习惯	1.了解电路的基本物理量 2.能利用欧姆定律进行简单电路的计算 3.了解电阻定律 4.了解简单的电阻串并联电路 5.掌握万用表的使用方法及使用的注意事项 6.了解电阻的种类、参数及作用 7.了解手工焊接的步骤与注意事项 8.理解基尔霍夫电流、电压定律 9.能利用基尔霍夫电流定律计算复杂直流电路的电流 10.能利用基尔霍夫电压定律计算复杂直流电路的电压	1.会识别与检测常用的电阻元件 2.会使用万用表正确测量电阻的阻值 3.会使用万用表测量直流电压和电流 4.会操作手工焊接 5.会安装、检测简单无源直流电路 6.会安装有源直流电路 7.会检测有源直流电路	38

续表

序号	学习单元（模块）	职业能力	课程内容与要求			建议学时
			素养要求	知识要求	技能要求	
3	家居电路的安装	1.具有一定的学习理解能力 2.具有一定的推理能力和计算能力 3.具有安装、检修电路的能力	1.养成安全用电、正确规范使用电工工具的习惯 2.具有获取信息、学习新知识的能力 3.具有电路安装与检测的规范操作意识 4.具有将生活与知识相结合的领悟能力和理解能力	1.了解常用电工工具的使用方法及注意事项 2.理解单相正弦交流电的表示方法和三要素 3.理解纯电阻、纯电容、纯电感电路的基本概念 4.理解纯电阻、纯电容、纯电感电路的电压、电流数量关系和相位关系 5.理解感抗、容抗、阻抗和有功、无功功率的概念 6.了解日光灯电路的组成和工作原理 7.了解钳形表的使用方法及注意事项 8.了解家装电气的安装规范 9.了解家装电气的布局和材料计划的基本要求 10.了解典型家居电路的安装、检修的步骤及注意事项	1.会使用常用的电工工具 2.会使用交流电源，并能测量交流电路的电压和电流 3.会操作导线的“一”形连接和“T”形连接 4.会识别日光灯电路 5.会操作典型家居电路定位布局、材料估算、安装、检修	48
4	三相交流异步电动机简单控制电路的安装	1.具有一定的学习理解能力 2.具有一定的推理能力和计算能力 3.具有安装、检修电路的能力	1.具有规范安全操作用电设备的安全意识 2.具有时时处处安全用电与规范操作的职业意识 3.具有区分交、直流电的安全用电意识 4.养成正确使用和爱护工具和设施设备的行为习惯 5.具有良好的人际沟通能力、团队合作精神	1.了解三相正弦对称电源的概念，理解相序的概念 2.了解电源星形联结的特点，能绘制其电压矢量图 3.了解我国电力系统的供电制 4.了解保护接地的原理 5.了解保护接零的方法及其应用 6.掌握兆欧表的使用方法及注意事项 7.了解三相异步电动机的结构 8.理解三相异步电动机直接起动、Y—Δ降压起动，正反转控制电路原理	1.会操作检测三相交流电线电压、电相电压 2.会使用钳形表检测线电流、中线电流 3.会判断三相异步电动机的首尾端 4.会使用兆欧表检测绝缘电阻 5.会操作三相异步电动机的直接起动、Y—Δ降压起动，能够安装正反转控制电路	44
机动						4
合计						144

（四）课程实施

1．教学要求

通过理论知识学习、基础技能训练和综合应用实践，培养中等职业学校学生符合时代要求的信息素养和适应职业发展需要的信息能力。将思想政治教育融入教学，针对不同的生源结构，采用项目教学、案例教学、情境教学、模块化教学等教学方式，运用启发式、探究式、讨论式、参与式等教学方法，推动课堂教学改革。建议使用翻转课堂、混合式教学、理实一体教学等教学模式，加强大数据、人工智能、虚拟现实等现代信息技术在教育教学中的应用。

2．学业水平评价

根据培养目标和培养规格要求，采用多元评价方式。坚持结果评价与过程评价相结合，定量评价与定性评价相结合，教师评价与学生自评、互评相结合，学校评价与行业、企业评价相结合，注重对学生自学能力、动手能力、解决问题能力、创新意识、质量意识、实施标准意识、安全意识、节约环保意识的评价导向。考核与评价有利于激发学生的学习热情，能促进学生的发展，其中过程评价占60%，结果评价占40%。

3．教学师资

担任本课程的专任教师应具有中等职业学校及以上教师资格证书，取得电工电子类专业本科及以上学历，或具有相关专业5年以上的教学经验并具有本专业三级及以上职业资格证书或相应的技术职称；也可聘用有实践经验的行业专家、企业工程技术人员和社会能工巧匠等担任兼职教师。

4．教材的选用及教学资源的开发与使用

按国家和地方教育行政部门规定的程序与办法选用教材。选用体现新技术、新工艺、新规范等内容的高质量教材，引入典型生产案例，也可探索开发活页式、讲义式教材做必要的补充。合理开发和使用音视频资源、教学课件、虚拟仿真软件、网络课程等信息化教学资源库，满足教学需求，提升学习效果。

5．教学实习与实训

（1）校内实训场地：学校应按照生源40∶1配备电工技能实训室。

（2）校内实训设施设备：电工技能实训室应配有多媒体教学设备、电工实训工作台、电工实训耗材。工作台主要有电工实习板、常用电工工具、测量仪表等。实训耗材主要有线槽、线管、各种照明电器、各种低压电器等。

（3）校外实习条件：校外实习基地应是具有独立法人资格、依法经营、规范管理、设有维修电工等岗位的企业。

（五）编写依据

本课程标准依据教育部电子技术应用专业教学实施标准、重庆市中等职业学校电子技术应用专业人才培养指导方案、维修电工（四级）职业资格标准，结合行业企业岗位典型工作任务及职业能力要求制定，适用于中等职业学校电工电子类专业。

随着新技术的发展和教学技术的更新，本课程标准需要在3～5年内进行修订。

二、电子技术基础与技能课程实施标准

课程名称：电子技术基础与技能。

适用专业：电子技术应用（091300）。

学时与学分：180学时，10学分。

（一）课程性质

本课程是中等职业学校电子技术应用专业的核心课程。通过模拟电子技术、数字电子技术的基本概念、基本理论、基本工作原理的学习和实践操作，学生能够掌握电子技术的一般分析方法和基础技能，具备电子电路综合分析和应用能力，具备爱岗敬业、团结协作、规范操作等职业素养。本课程的前导课程有电工基础与技能，后续课程有电子CAD、单片机技术及应用等。本课程为后续学习专业课程奠定基础，提供学习支撑。

（二）课程目标

通过本课程的学习，学生要达到以下目标。

1．素养目标

（1）具有诚实守信、吃苦耐劳的良好品德。

（2）具有安全、环保、节能意识和规范操作意识。

（3）养成善于动脑、勤于思考，及时发现、尽力解决问题的学习习惯。

（4）具有良好的人际沟通能力和分工、协作、共享的团队合作精神。

（5）养成爱护设备和检测仪器的良好习惯。

2．知识目标

（1）了解电子元器件的结构、性能、参数、工作特点，能识别、检测、判断常用电子元器件的好坏。

（2）理解电子线路单元电路的工作原理，掌握具体的电子电路工作过程及应用范围、作用。

（3）能理解常见电子电路的装配工艺、过程，理解常见电子电路的检测方法。

3．技能目标

（1）会识别常用的电子元器件，会使用相关工具选择、识别、判断电子元器件。

（2）会使用万用表等常用电子仪器仪表来检测、调试电子电路。

（3）会识别常用的电子电路及典型电路的原理图。

（4）会识别集成电路的基本原理。

（5）会使用电子元器件手册，会撰写实验、实训技术报告。

（6）会识别常见的模拟电路和数字电路。

（7）会使用常用工具测试电路性能及排除简单故障。

（8）会使用工具组装和调试电子电路。

（三）课程内容与要求

本课程坚持立德树人的根本要求，结合中等职业学校学生的学习特点，遵循职业教育人才培养规律，落实课程思政要求，有机融入思想政治教育内容，紧密联系工作实际，突出应用性和实践性，注重学生职业能力和可持续发展能力的培养，结合中高本衔接培养需要，根据国家电子技术应用专业教学标准和重庆市人才培养指导方案对本课程的要求，合理设计如表 7-13 所示的学习单元（模块）和教学活动，并在素质、知识和技能等方面达到相应要求。

表 7-13 电子技术基础与技能课程学习单元（模块）和教学活动

序号	学习单元（模块）	职业能力	课程内容与要求			建议学时
			素养要求	知识要求	技能要求	
1	晶体管及应用	1.检测、选用和使用二极管、三极管和场效应管 2.装配和调试三极管基本放大电路 3.调试放大电路的静态工作点	1.具有吃苦耐劳的精神、耐心细致的态度 2.具有善于动脑、勤于思考，及时发现、尽力解决问题的学习习惯 3.具有安全规范操作的良好习惯	1.了解二极管的基本结构、伏安特性及主要参数 2.理解二极管的单向导电性 3.了解稳压、光电、发光等特殊二极管的工作原理及应用 4.掌握二极管整流电路的基本原理及电路构成，并完成工作任务 5.理解三极管电流放大原理 6.掌握基本交流放大电路、分压式偏置放大电路、阻容耦合放大电路、共集电极放大电路、功率放大电路的结构特点及工作原理 7.了解反馈的类型，以及负反馈对放大器性能的影响	1.会使用万用表判断二极管的好坏和极性 2.会识别常用的二极管，会将常见的二极管应用于电路中 3.会识别电阻、电容、电感，电路相关器件的性能和作用，以及电路相关元件的参数 4.会熟练使用万用表判别三极管的类型、三极管的质量，正确选用三极管 5.会熟练利用相关工具装配基本的放大电路	46
2	常用的放大器及其应用	1.装配调谐放大电路、振荡电路和功率放大电路 2.分析、应用差分放大电路 3.应用基础运算放大器构成相应功能电路	1.具有吃苦耐劳的精神、耐心细致的态度 2.具有善于动脑、勤于思考，及时发现、尽力解决问题的学习习惯 3.具有爱护设备和检测仪器的良好习惯 4.具有安全操作的工作意识	1.了解调谐放大器的构成及工作原理 2.了解振荡的基本概念、电路构成、工作原理 3.了解直流放大器存在的两个特殊问题 4.理解差动放大器的工作原理 5.了解功率放大器的基本类型及工作原理 6.了解集成运算放大器的基本参数，虚短、虚断的概念 7.理解集成运算放大器输出电压	1.会制作基本的调谐放大器电路 2.会使用相关工具装配常见的振荡电路 3.会使用相关工具制作基本的功率放大器（分离元件、集成电路）	36

续表

序号	学习单元（模块）	职业能力	课程内容与要求			建议学时
			素养要求	知识要求	技能要求	
3	直流稳压电源	1.会运用工具装配、调试分立元件稳压电源电路 2.会应用集成稳压电源 3.能装配、调试开关稳压电源电路	1.具有分工合作的团队精神 2.具有爱护设备和检测仪器的良好习惯 3.具有安全操作的工作意识	1.了解整流电路及滤波电路的基本原理 2.掌握直流稳压电源的基本组成，装配直流稳压电路 3.了解常用集成稳压电源的类型 4.掌握集成稳压电源常见故障产生的原因 5.了解集成稳压电源，以及开关电源的电路组成及工作原理	1.会使用相关工具调整直流稳压电源，诊断直流稳压电源的常见故障 2.会使用相关工具维修集成稳压电源的常见故障 3.会制作简单的开关电源电路 4.会使用相关工具维修简单的故障	20
4	信号调制与接收	1.能运用工具装配、调试超外差收音机 2.能运用收音机工作原理维修收音机简单故障	1.养成良好的职业道德 2.具有良好的学习能力 3.具有良好的人际沟通能力和团队合作精神	1.了解无线电基础知识 2.理解调幅与检波、调频与鉴频的含义 3.理解调幅与检波、调频与鉴频的区别 4.了解超外差收音机的组成和工作原理 5.能完成简单收音机的组装与调试	1.会使用相关工具装配、调试超外差收音机 2.会使用相关工具维修超外差收音机的简单故障	6
5	数字电路基础	1.会应用常用逻辑门电路、施密特触发器、555 定时器 2.会利用相关工具装配单稳态触发器 3.会应用 555 定时器制作实用电路 4.会使用 D/A 转换器和 A/D 转换器	1.养成善于动脑、勤于思考，及时发现、尽力解决问题的学习习惯 2.具有良好的团队合作精神	1.了解模拟信号和数字信号 2.了解不同数制之间的转换关系 3.掌握“与”“或”“非”三种基本逻辑门电路及应用电路 4.了解单稳态触发器、施密特触发器的概念 5.理解 555 定时器的工作原理及典型应用电路 6.能应用 555 定时器构成单稳态触发器、施密特触发器 7.了解 D/A 转换和 A/D 转换的概念 8.了解 D/A 转换器和 A/D 转换器的电路工作原理及其应用	1.会操作常用的逻辑门电路 2.会使用相关工具装配单稳态触发器 3.会使用施密特触发器、555 定时器 4.会使用 555 定时器制作实用电路 5.会使用 D/A 转换器 6.会使用 A/D 转换器	28

续表

序号	学习单元（模块）	职业能力	课程内容与要求			建议学时
			素养要求	知识要求	技能要求	
6	逻辑电路	1.能设计、应用简单组合逻辑电路 2.会应用编码器、译码器和显示电路构成相应功能电路 3.会应用 RS 触发器、JK 触发器、D 触发器	1.具有良好的学习能力和创新意识 2.具有安全、环保、质量、规范操作的意识	1.理解组合逻辑电路分析的方法，并分析组合逻辑电路的功能 2.了解编码器、译码器、显示电路的电路组成及工作原理 3.掌握触发器的逻辑符号和逻辑功能 4.了解集成触发器及集成触发器逻辑功能的测试方法 5.理解寄存器、计数器的功能及工作原理	1.会使用相关工具装配、使用基本逻辑门电路 2.能根据要求设计简单的组合逻辑电路 3.会使用组合逻辑电路、编码器、译码器和显示电路 4.会使用相关工具装配 RS 触发器 5.会使用 JK 触发器、D 触发器完成相关电路功能，会使用时钟控制触发器、寄存器、计数器组成相关功能电路 6.能借助手册合理选用集成触发器	40
机动						4
合计						180

（四）课程实施

1. 教学要求

（1）以服务于学生的未来发展为宗旨，重视学生综合素质和职业能力的培养，以适应电子技术快速发展带来的职业岗位变化，为学生的可持续发展奠定基础。为适应不同专业方向及学生需求的多样性，可选用“项目引领、任务驱动”“理实一体化”相结合的教学模式，在实际教学中体现课程内容的选择性和教学要求的差异性。同时，应融入对学生职业道德和职业意识的培养。

（2）坚持“做中学、学中做、做中教”，积极探索理论和实践相结合的教学模式，使电子技术基本理论的学习、基本技能的训练与生产生活中的实际应用相结合。学生通过学习过程的体验或典型电子产品的制作等，能提高学习兴趣，激发学习动力，掌握相应的知识和技能。

2．学业水平评价

考核与评价要坚持结果评价与过程评价相结合，定量评价与定性评价相结合，教师评价与学生自评、互评相结合，学校评价与企业、行业评价相结合。考核与评价有利于激发学生的学习热情，能促进学生的发展。考核与评价要根据本课程的特点，改革单一的考核方式，不仅关注学生对知识的理解、技能的掌握和行业能力的提高，还要重视规范操作、安全文明生产等职业素质的形成，以及节约能源、节省原材料、爱护工具设备、保护环境等意识与观念的树立。

为了考核学生的综合能力，加强过程考核，本课程采取平时考核（10%）+实验性技能训练考核（20%）+单元阶段性考核（20%）+综合性考核（50%）的方式。

3．教学师资

（1）从事本课程教学的专任教师应具备以下能力和资质：具有中等职业学校教师资格；具有初级以上专业技术职称；具有相关专业高级以上职业资格证书；从事相关教学工作 3 年以上。

（2）聘用有实践经验的行业专家、企业工程技术人员和社会能工巧匠等担任兼职教师，应具备以下资质：具有初级以上专业技术职称；从事相关教学工作 2 年以上；具有相关专业高级以上职业资格证书。

（3）本课程师资队伍由专兼职教师共同组成。课程中 30%以上的教学任务由兼职教师承担。

4．教材的选用及教学资源的开发与使用

根据本专业教学特点、专业人才培养方案和本课程实施标准开发教材，教材开发的建议如下：

（1）组织开发专业主干课程系列教材，以更好地实现专业人才培养目标。

（2）开发教材的主编和主审须是直接参与人才培养方案和课程实施标准制订的骨干教师。

（3）教材结构和内容须符合人才培养方案和课程实施标准提出的要求，讲究“实在”“实效”，编排时要符合三年制中等职业学校教学的特点和要求。

（4）选取的内容应将企业的实际应用和学校的实际有机结合，由浅入深，由简到繁，循序渐进，符合学生的学习基础和认知规律的原则。

（5）教材编写应充分体现课改精神，理论知识和实践操作有机结合，内容的选择力求明确，可操作性强，便于贯彻“做中学、学中做、做中教”的理念；教材应将本专业职业活动，分解成若干典型的工作项目，按完成工作任务需要和岗位操作规程，结合职业技能证书组织教材内容，引入必需的专业知识，增加实践内容，强调理论在实践过程中的应用。

（6）教材语言平实、图文并茂，便于学生自主学习。注重新技术、新知识、新工艺、新方法的介绍，教材表达必须精练、准确、科学，适度关注学生的可持续发展，为学有余力的学生留下进一步拓展知识能力的内容和空间。

5．教学实习与实训

（1）校内实训场地：电子技术实训中心。

（2）校内实训设施设备：多媒体教学设备；能进行“讲”和“做”的一体化教学环境；电子技术实训台；手工焊接材料和工具套件；电子测量仪器仪表。

（3）校外实习条件：具有独立法人资格、依法经营、规范管理以及生产经营电子产品类的企业。

（五）编写依据

本课程实施标准依据国家专业目录、专业教学标准、顶岗实习标准、教学条件建设标准，教育部电子技术应用专业教学实施标准、电子产品装接工职业资格实施标准，结合行业企业岗位典型工作任务及职业能力要求制定。本课程实施标准适用于中等职业学校电工电子类专业。

随着新技术的发展和教学技术的更新，本课程实施标准需要在3～5年内进行修订。

三、电子测量技术的课程实施标准

课程名称：电子测量技术。

适用专业：电子技术应用（091300）。

学时与学分：72学时，4学分。

（一）课程性质

本课程是中等职业学校电子技术应用专业的核心课程，是一门实践性较强的课程，是本专业学生必修的专业基础技术课程。通过本课程的学习和实践操作，学生能够掌握电子测量技术的基础知识、一般分析方法和基础技能，为深入学习本专业有关的后继课程和从事相关电子测量技术方面的实际工作打下基础。本课程的前修课程为电工技术基础与技能、电子技术基础与技能，同期和后续课程为电子CAD、传感器技术及应用、单片机技术及应用、电子产品装配及工艺等。考虑到课程的基础性和应用性，一方面要求学生对仪器基本结构、基本工作原理有所了解，另一方面要加强对学生综合分析和应用能力的培养。

（二）课程目标

通过本课程的学习，学生要达成以下目标。

1. 素养目标

（1）具有安全、环保、节能和规范操作的意识。
（2）具有良好的人际沟通能力、团队合作精神。
（3）具有主动学习、自我发展的能力和开拓创新的能力。
（4）具有信息收集与处理的能力。
（5）具有综合分析、解决实际问题的能力。
（6）养成规范操作和爱护设备设施的良好习惯。

2. 知识目标

（1）了解测量的原理、方法和误差。
（2）理解常见电子测量仪器仪表的种类及其工作原理。
（3）掌握常见电子测量仪器仪表的使用方法及注意事项。

3. 技能目标

（1）会识别常见的电子测量仪器仪表。
（2）会操作常见的电子测量仪器仪表。
（3）会使用常见的电子测量仪器仪表进行电参数的测量。
（4）会制定先进、合理的测量和测试方案。
（5）会正确选用电子测量仪器仪表。
（6）会正确分析、处理测量数据。
（7）会维护电子仪器仪表。

（三）课程内容与要求

电子测量技术课程学习单元（模块）和教学活动如表 7-14 所示。

表 7-14　电子测量技术课程学习单元（模块）和教学活动

序号	学习单元（模块）	职业能力	课程内容与要求			建议学时
			素养要求	知识要求	技能要求	
1	测量常用电子元件参数	1.能使用指针式万用表测量电子元件参数及基本电量 2.能使用数字万用表测量电子元件参数及基本电量	1.养成安全文明、规范操作的习惯 2.具有严谨负责、细致耐心的职业道德	1.了解测量误差的来源及处理方法 2.了解机械万用表、数字万用表的结构和功能 3.理解机械万用表、数字万用表的使用方法和选用原则	1.会使用机械万用表、数字万用表测量电子元件参数 2.会使用机械万用表、数字万用表测量基本电量 3.能对测量数据进行分析和处理	12
2	测量电路性能	能测量电信号性能： 1.会使用毫伏表测量电信号 2.会使用低频信号发生器、函数信号发生器提供电信号 3.会使用模拟示波器和数字示波器测量电信号特性	1.具有信息收集与处理的能力 2.具有综合分析、解决实际问题的能力 3.具有规范操作、安全文明生产的意识	1.能了解毫伏表、低频信号发生器、函数信号发生器、模拟示波器、数字示波器的结构和功能 2.能理解毫伏表、低频信号发生器、函数信号发生器、模拟示波器、数字示波器的使用方法和选用原则	1.会使用毫伏表测量电信号 2.会使用低频信号发生器、函数信号发生器提供电信号 3.会使用模拟示波器和数字示波器测量电信号特性 4.会对测量数据进行分析和处理	16
		测量低频电路性能指标： 1.会使用频率计测量信号频率和周期 2.会使用晶体管特性仪测量晶体管特性曲线 3.会使用频谱分析仪测量电信号性能指标	1.具有规范操作、安全文明的意识 2.具有善于发现、创新的能力 3.具有团队协作的精神	1.能了解频率计、晶体管特性仪、频谱分析仪的结构和功能 2.能理解频率计、晶体管特性仪、频谱分析仪的使用方法和选用原则	1.会使用晶体管特性仪测量元件参数及性能 2.会使用频率计、频谱分析仪测量低频电路性能指标 3.会对测量数据进行分析和处理	14
		测量高频电路性能： 1.会使用扫频仪测量电路性能指标 2.会使用频谱分析仪分析高通滤波器输出的电信号	1.具有规范操作、安全文明生产的意识 2.具有严谨负责、细致耐心的工作态度 3.具有团队协作的精神	1.能了解扫频仪、频谱分析仪的结构和功能 2.能理解扫频仪、频谱分析仪的选用原则和使用方法	1.会使用扫频仪测量高频电路的相关性能指标 2.会使用频谱分析仪测量高频电路的相关性能指标 3.会对测量数据进行分析和处理	14

续表

序号	学习单元（模块）	职业能力	课程内容与要求			建议学时
			素养要求	知识要求	技能要求	
3	综合测量	会测量运放电路中的电信号特性	1.具有规范操作、安全文明生产的意识 2.具有诚实守信、吃苦耐劳的品德 3.具有团队合作的精神 4.具有爱岗敬业的职业道德	1.能了解电路的组成 2.能理解电路的工作原理	1.会根据测量需要选择测量仪器（如万用表、毫伏表、低频信号发生器、函数信号发生器、模拟示波器、数字示波器等） 2.会对测量数据进行分析和处理	8
机动						8
合计						72

（四）课程实施

1．教学要求

教学中以培养技能型人才为主，注重培养学生的动手能力，专业理论以“够用、实用”为度，采取项目教学法、案例教学法等灵活多样的教学方法，组织学生讨论、指导分析与实践等，培养学生发现问题、分析问题、解决问题的能力和创新意识。在教学中注重以真实任务激发学生的学习热情，以实际的工作过程调动学生的兴趣，做到教学过程与工作过程一体化、知识学习与技能训练一体化。充分利用校内外实训基地，提高学生的实际操作技能。

2．学业水平评价

（1）改革传统的学生评价手段和方法，采用阶段评价、综合评价、考核鉴定三级评价的模式。

（2）关注评价的多元性。本课程教学评价应兼顾素养、知识、技能等多个方面，应采用多元评价方式，如观察、口试、笔试与实践等进行综合评价。教师可按单元模块的内容和性质，针对学生的职业素质、岗位风貌、主动学习、独立分析、客观判断、小组合作情况、任务分析书、训练过程、成果演示、技能竞赛及考核鉴定情况等进行综合评价。

（3）应兼顾认知水平，考虑其自身提高和进步程度。对在学习和应用上有创新的学生应予特别鼓励，对于学习能力强的学生可增加教学项目或加快项目完成进度，使其潜能得到充分发挥。对未通过评价的学生，教师应分析、诊断其原因，并适时实施补救教学，甚至有针对性地变通教学手段，如可对其慢慢引导，适当放缓进度要求。

3. 教学师资

担任本课程的专任教师应具有中等职业学校及以上教师资格证书，具有中级以上专业技术职称，具有相关专业高级以上职业资格证书，从事相关教学工作 3 年以上，具有“双师”素质及良好的师德。同时，聘用有实践经验的行业专家、企业工程技术人员和社会能工巧匠等担任兼职教师。本课程师资队伍由专兼职教师共同组成，课程中 30%以上的教学任务由兼职教师承担。

4. 教材的选用及教学资源的开发与使用

（1）教材应以本课程实施标准为依据，要体现先进性、通用性、实用性，反映新技术、新工艺，体现地区产业特点；必须与相关职业资格标准相结合，突出课程内容的职业指向性，突出课程内容的时代性和前瞻性。

（2）教材内容建议按照基于工作过程导向的项目任务构架进行编写，图文并茂，纸质与电子多种形式并存。

（3）教材编写人员应具有丰富的教学与生产实践经验，同时，应有企业工程技术人员参与。

（4）教材前言应该介绍编写的思路与特色、内容及编写人员、课时分配等内容。

（5）为满足课程教学的质量要求，应有丰富的课程资源，建立诸如 PPT、仿真软件、图片、实物等多媒体课程资源的数据库，这样有利于创设形象生动的工作情境，激发学生的学习兴趣，促进学生对知识的理解和掌握。

（6）充分利用诸如电子测量技术相关视频教程、数字图书馆、电子论坛、数字资源平台、周刊、杂志等各种信息资源，使教学从单一媒体向多种媒体转变，使学生从单独的学习向工作学习转变。

（7）产学合作开发实验实训课程资源，充分利用本行业典型生产企业的资源，建立实习实训基地，实现工学交替，满足学生的实习实训需求，同时为学生创造就业机会。

5. 教学实习与实训

教学实习与实训需用设备如表 7-15 所示。

表 7-15 教学实习与实训需用设备

主要仪器设备名称	单位	数量	主要功能
指针式万用表	台	25	测量电路参数
数字万用表	台	25	各类电路测量
毫伏表	台	25	测量功率放大器的输入信号和输出信号
频率计	台	25	检测电信号的频率与周期
信号发生器	台	25	用于固定函数波形的产生
示波器	台	25	交流电波形观察测量
投影仪	台	1	教师教学展示用
计算机	台	1	教师教学展示用

（五）编写依据

（1）严格依据电子电器初、中级维修工以及电子元器件测量有关行业国家职业实施标准来设计。

（2）应充分体现任务驱动、实践导向的设计思想。

（3）应充分体现电子元器件的测量要求，由简而繁，注意突出应用、突出测量仪器操作技能，突出新技术、典型产品与流行产品。

（4）根据教育部“电子测量技术”课程教学大纲的要求，以课程项目为主线、以工作任务为平台、以职业能力为要点、以技能训练为重点，突显项目任务，体现知识与技能结合、内容与岗位结合。

四、电子 CAD 课程标准

课程名称：电子 CAD。

适用专业：电子技术应用（091300）。

学时与学分：72 学时，4 学分。

（一）课程性质

本课程为中等职业学校电子技术应用专业的一门专业核心课程。通过电子 CAD（计算机辅助设计软件）绘制电路原理图、PCB 设计（印制电路板）、电路仿真等内容的学习，学生能熟练绘制电路原理图及设计 PCB，具备一丝不苟的工作态度、爱岗敬业和良好的团队合作精神的职业素养，为学习后续课程打下基础。本课程前导课程有计算机应用基础、电工技术基础与技能、电子技术基础与技能，后续课程有电子产品装配及工艺、表面贴装技术、电子产品检验技术等。本课程为后续学习专业课程奠定基础，提供支撑。

（二）课程目标

通过本课程的学习，学生要达成以下目标。

1．素养目标

（1）具有规范操作、安全文明生产的意识。
（2）具有一丝不苟的工作态度。
（3）具有诚实、守信、吃苦耐劳的精神。
（4）具有提升勤于思考，及时发现问题的意识。
（5）具有爱岗敬业和良好的团队合作精神。

2．知识目标

（1）了解电子 CAD 的基本概念。
（2）理解电子 CAD 的作用及运行环境。
（3）理解各电路原理图及 PCB 图。
（4）了解电子 CAD 的设计过程。
（5）了解常用文件的扩展名、默认文件名。
（6）了解常用元器件的元件名及其所属元件库。
（7）掌握 PCB 设计的操作流程和方法。
（8）理解元器件库。
（9）了解电路仿真。

3．技能目标

（1）会安装与卸载计算机辅助设计软件。
（2）会绘制电路原理图。
（3）会设计层次化原理图。
（4）会制作原理图元件和创建元件库。
（5）会制作元件封装和创建元件封装库。
（6）会设计 PCB 图。
（7）会进行电路仿真。

（三）课程内容与要求

本课程坚持立德树人的根本要求，结合中等职业学校学生学习特点，遵循职业教育人才培养规律，落实课程思政要求，有机融入思想政治教育内容，紧密联系工作实际，突出应用性和实践性，注重学生职业能力和可持续发展能力的培养，结合中高本衔接培养需要，根据国家电子技术应用专业教学标准和重庆市人才培养指导方案对本课程的要求，合理设计如表 7-16 所示的学习单元（模块）和教学活动，并在素质、知识和技能等方面达到相应要求。

表 7-16　电子 CAD 课程学习单元（模块）和教学活动

序号	学习单元（模块）	职业能力	课程内容与要求			建议学时
			素养要求	知识要求	技能要求	
1	绘制电路原理图	能绘制基本的电路原理图	1.具有遵守实训室管理制度的习惯 2.具有服从小组分工安排、团队合作的意识	1.了解电子 CAD 发展史及其特点 2.掌握计算机辅助设计软件安装、绘制电路原理图、绘制新元器件、编译原理图、绘制层次原理图、生成各种报表的步骤	1.会创建、保存电路原理图文件 2.会设置图纸 3.会安装和卸载元件库 4.会放置元件和布局 5.会修改元件参数 6.会原理图布线、编译和修正 7.会元器件封装 8.会绘制层次原理图、生成各种报表	28
2	设计 PCB	能完成简单电路的 PCB 设计	1.具有规范操作、安全文明生产的意识 2.具有勤于思考、及时发现和尽力处理问题的意识 3.具有一丝不苟的工作态度	1.了解 PCB 的构成 2.了解网络表的导入方法 3.掌握设计新元器件封装的方法 4.掌握元器件的布局方法 5.了解 PCB 规则参数 6.掌握 PCB 布线的方法 7.掌握 PCB 板层设置 8.了解 PCB 输出的方法	1.会创建、保存 PCB 文件 2.会 PCB 环境设置 3.会新元器件封装 4.会操作元器件布局 5.会导入网络表 6.会 PCB 布线	24

续表

序号	学习单元（模块）	职业能力	课程内容与要求			建议学时
			素养要求	知识要求	技能要求	
3	电路仿真	能对电路进行仿真与测试	1.具有诚实、守信、吃苦耐劳的精神 2.具有爱岗敬业和良好的团队合作意识	1.掌握仿真原理图的绘制 2.掌握电源及信号源放置方法 3.了解电源及信号源参数设置 4.掌握仿真常规参数设置 5.了解特殊仿真元件参数设置 6.掌握运行仿真的方法 7.掌握仿真方式具体参数设置 8.了解仿真结果输出	1.会绘制仿真原理图 2.会放置电路仿真电源及信号源 3.会设置元件仿真参数 4.会运行各种仿真 5.会设置仿真软件具体参数 6.会阅读仿真结果	14
机动（含复习考试）						6
合计						72

（四）课程实施

1．教学要求

（1）教学应立足培养学生的实际动手绘图能力，采用讲授法、讨论法、演示法、参观法、练习法、项目教学法、任务驱动教学法等，“做中学、学中做”，激发学生的学习兴趣，实现有效学习。

（2）在具体任务实施过程中，由于本课程理论知识和操作技能联系紧密，可用理实一体化的教学法提高学生的认识度、参与度，手脑并用提高效率。

（3）在每个活动的实施过程中，可采用五环四步法等激发学生的学习兴趣，形成有效的教学法，提升学生的学习技能、综合能力。

2．学业水平评价

（1）改革传统的评价手段和方法，每完成一个任务就进行阶段评价，每完成一个项目就进行目标评价，注重过程性评价的重要性。

（2）关注评价的多元性，将课堂提问、学生作业、任务训练情况、技能过手情况、任务阶段测验、项目目标考核作为平时成绩，占总成绩的 70%；将理论考试和实际操作作为期末成绩，其中理论考试占 30%，实际操作考试占 70%，合计占总成绩的 30%。教学过程要进行学生自评、互评及教师评价等。

（3）注重学生动手能力和实践中分析问题、解决问题能力的考核，对在学习和应用上有创新的学生应给予特别鼓励，全面综合评价学生的能力。

（4）充分利用校内外实训基地，产学结合，工学交替，满足实习、实训需求，同时为学生创造就业机会。

（5）建立本专业开放式实训中心，使之具备现场教学、实训、职业技能证书考试的功能，实现教学与实训合一、教学与培训合一，满足学生综合职业能力培养的要求。

3．教学师资

担任本课程的专任教师应取得电工电子类专业本科及以上学历，或具有相关专业2年以上教学经验并有电子专业三级及其以上职业资格证书或相应技术职称；也可聘用行业专家、企业技术人员和管理人员以及社会能工巧匠担任兼职教师。

4．教材的选用及教学资源的开发与使用

按国家和地方教育行政部门规定的程序与办法选用教材。选用体现新技术、新工艺、新规范等内容的高质量教材，引入典型生产案例，也可探索开发活页式、讲义式教材做必要的补充。合理开发和使用音视频资源、教学课件、虚拟仿真软件、网络课程等信息化教学资源库，满足教学需求，提升学习效果。

5．教学实习与实训

（1）校内实训场地：计算机机房1间，高性能电脑50台。

（2）校内实训设施设备：每台电脑安装PCB设计软件、CAD软件、仿真实训软件，实训室里需要配备多媒体教学环境。

（3）校外实习条件：校外实习基地具备PCB设计、PCB生产等岗位设备设施。

（五）编写依据

本课程实施标准依据国家专业目录、专业教学标准、顶岗实习标准、教学条件建设标准及重庆市中等职业学校电子技术应用专业人才培养指导方案、电子CAD制图员职业资格标准等，结合行业企业岗位典型工作任务及职业能力要求制定。

五、传感器技术及应用课程标准

课程名称：传感器技术及应用。

适用专业：电子技术应用（091300）。

学时与学分：72学时，4学分。

（一）课程性质

本课程为中等职业学校电子技术应用专业核心课程。通过对传感器基础知识、常见传感器识别、检测及应用等内容的学习，学生能够掌握传感器技术与应用相关的知识与技能，形成独立学习及获取新知识、新技能、新方法的职业能力，以及与人交往、沟通及合作的职业素养。本课程的前导课程有电子技术基础与技能、电工技术基础与技能、电子测量技术，后续或者同期开设的课程有单片机技术及应用、电子产品检验技术、专业综合实训与考证等专业课程。

（二）课程目标

通过本课程的学习，学生要达成以下目标。

1．素养目标

（1）具有遵守实训室管理制度的意识。
（2）遵守安全操作规程，树立规范操作的意识。
（3）具有良好的职业道德，具有团队合作精神。
（4）具有与他人交流、沟通的能力。
（5）具有节能、环保意识。

2．知识目标

（1）了解自动检测系统与传感器基础知识。
（2）了解常见传感器的种类、分类方法及参数。
（3）掌握常用传感器的基本结构和工作原理。
（4）理解常见传感器应用电路的工作原理。
（5）了解其他新型传感器的应用。
（6）了解常见传感器的选用原则和方法。

3．技能目标

（1）会使用万用表等仪器仪表识别与初步检测各类传感器。
（2）会使用传感器实训设备检测传感器的相关参数。
（3）会使用电工工具安装常见的传感器应用电路。
（4）会使用仪器仪表调试常见的传感器应用电路。

（三）课程内容与要求

本课程坚持立德树人的根本要求，结合中等职业学校学生学习特点，遵循职业教育人才培养规律，落实课程思政要求，有机融入思想政治教育内容，紧密联系工作实际，突出应用性和实践性，注重学生职业能力和可持续发展能力的培养，结合中高本衔接培养需要，根据国家电子技术应用专业教学标准和重庆市人才培养指导方案对本课程的要求，合理设计如表 7-17 所示的学习单元（模块）和教学活动，并在素质、知识和技能等方面达到相应要求。

表 7-17　传感器技术及应用课程学习单元（模块）和教学活动

序号	学习单元（模块）	职业能力	课程内容与要求			建议学时
			素养要求	知识要求	技能要求	
1	认识传感器	能识别各种类型传感器	1.具有较好的语言表达能力和沟通能力 2.具有安全、环保、节能及安全操作的意识	1.了解传感器的基本特性和作用 2.了解传感器参数，以及传感器的种类和分类方法	能识别常见传感器	6
2	应用温度传感器	能安装、调试连接温度传感器	1.遵守实训室管理制度 2.遵守安全操作规程，树立规范操作的意识 3.具有良好的职业道德	1.了解热电偶、热电阻、热敏电阻的参数 2.理解热电偶、热电阻、热敏电阻应用电路的工作原理 3.熟悉热电偶、热电阻、热敏电阻在生产、生活中的应用	1.会使用传感器实训设备检测传感器的相关参数 2.会使用电工工具安装常见的传感器应用电路 3.会使用仪器仪表调试常见的传感器应用电路	8
3	应用气体成分传感器	能安装、调试气体成分传感器	1.遵守实训室管理制度 2.遵守安全操作规程，树立规范操作的意识 3.具有学习新知识的能力	1.了解气敏电阻的参数 2.理解气敏电阻应用电路的工作原理 3.熟悉气敏电阻在生产、生活中的应用	1.会使用传感器实训设备检测传感器的相关参数 2.会使用电工工具安装常见的传感器应用电路 3.会使用仪器仪表调试常见的传感器应用电路	8

续表

序号	学习单元（模块）	职业能力	课程内容与要求			建议学时
			素养要求	知识要求	技能要求	
4	应用力敏传感器	能安装、调试力敏传感器	1.遵守实训室管理制度 2.遵守安全操作规程，树立规范操作的意识 3.具有学习新知识的能力	1.了解电阻应变式传感器的参数 2.理解电阻应变式传感器应用电路的工作原理 3.熟悉电阻应变式传感器在生产、生活中的应用	1.会使用传感器实训设备检测传感器的相关参数 2.会使用电工工具安装常见的传感器应用电路 3.会使用仪器仪表调试常见的传感器应用电路	8
5	应用磁电传感器	能安装、调试磁电传感器	1.遵守实训室管理制度 2.遵守安全操作规程，树立规范操作的意识 3.具有学习新知识的能力	1.了解霍尔传感器的参数 2.理解霍尔传感器应用电路的工作原理 3.熟悉霍尔传感器在生产、生活中的应用	1.会使用传感器实训设备检测传感器的相关参数 2.会使用电的工工具安装常见传感器应用电路 3.会使用仪器仪表调试常见的传感器应用电路	10
6	应用超声波传感器	能安装、调试超声波传感器	1.遵守实训室管理制度 2.遵守安全操作规程，树立规范操作的意识 3.具有学习新知识的能力	1.了解超声波传感器的参数 2.理解超声波传感器应用电路的工作原理 3.熟悉超声波传感器在生产、生活中的应用	1.会使用传感器实训设备检测传感器的相关参数 2.会使用电工工具安装常见的传感器应用电路 3.会使用仪器仪表调试常见的传感器应用电路	8
7	新型传感器	能识别常见新型传感器	1.具有学习新事物新知识的能力 2.具有创新意识	1.了解光纤传感器的作用 2.了解红外传感器的作用 3.了解智能传感器的作用 4.了解生物传感器的作用	1.会操作光纤传感器 2.会操作红外传感器 3.会操作智能传感器 4.会操作生物传感器	8

续表

序号	学习单元（模块）	职业能力	课程内容与要求			建议学时
			素养要求	知识要求	技能要求	
8	项目设计	掌握项目设计的流程和技术	1.具有项目设计的能力 2.具有与人有效沟通的能力 3.具有团队合作精神	了解常见传感器的选用原则和方法	1.能独立或配合他人完成项目设计 2.能根据实际需要进行个性设计 3.能应用常见传感器技术解决生产生活中的实际问题	10
机动						6
合计						72

（四）课程实施

1．教学要求

教学实施应以适应职业岗位需求为导向，加强实践教学，着力促进知识传授与生产实践的紧密衔接。创新教学环境，构建具有鲜明职业教育特色的实践教学环境。创新教学方式，深入开展项目教学、案例教学、场景教学、模拟教学和岗位教学，通过数字仿真、虚拟现实等信息化方式，在教学中普遍应用现代信息技术，多渠道系统优化教学过程，增强教学的实践性、针对性和实效性，提高教学质量。

2．学业水平评价

（1）改革传统一刀切的评价方式，关注评价的多元性。

（2）采用阶段评价、过程评价、项目评价、理实一体化评价、学生自评与互评、教师评价等多元化评价模式，结合学生作业、平时测验、综合评定学生成绩。考核与评价有利于激发学生的学习热情，能促进学生的发展。

（3）注重对学生动手能力和实践中分析问题、解决问题能力的考核，对在学习和应用上有创新的学生应给予以特别鼓励，全面综合评价学生的能力。

3．教学师资

担任本课程的专任教师应具有中等职业学校及以上教师资格证书，具有本专业三级及以上职业资格证书或相应技术职称；同时，聘用有实践经验的行业专家、企业工程技术人员和社会能工巧匠等担任兼职教师。

4．教材选用及教学资源的开发与使用

（1）教材应以本课程实施标准为依据，要体现先进性、通用性、实用性，反映新技术、新工艺，体现地区产业特点；必须与相关职业资格标准相结合，突出课程内容的职业指向性，突出课程内容的时代性和前瞻性。

（2）教材内容建议按照基于工作过程导向的项目任务构架进行编写，图文并茂，纸质与电子多种形式并存。

（3）教材编写人员应具备丰富的教学与生产实践经验，同时应有企业工程技术人员参与。

（4）教材前言应该介绍编写的思路与特色、内容及编写人员、课时分配等内容。

（5）充分利用网络资源及电路仿真。

（6）开发适合教学使用的多媒体教学资源库和多媒体教学课件，以及适合学生自学的微课、慕课等。

5．教学实习与实训

（1）校内实训室：传感器实训室。

（2）校内实训实训设备：配备传感器与检测技术各个模块的实训工作台 20 个，以及常用的电工工具和仪表等，配备多媒体教学设备。

（3）校外实训基地：与企业合作共建校外实训基地，具备相应的设备设施。

（五）编写依据

本课程实施标准依据国家专业目录、专业教学标准、顶岗实习标准、教学条件建设标准，教育部电子技术应用专业教学实施标准，以及电子产品调试员、电子产品装配工四级职业资格标准，结合行业企业岗位典型工作任务及职业能力要求制定。本课程实施标准适用于中等职业学校电工电子类专业。

根据新技术的发展和教学技术的更新，本课程实施标准需要在 3～5 年内进行修订。

六、单片机技术及应用课程实施标准

课程名称：单片机技术及应用。

适用专业：电子技术应用（091300）。

学时与学分：108 学时，6 学分。

（一）课程性质

本课程是中等职业学校电子技术应用专业核心课程。本课程根据电子产品生产、营销及售后服务的岗位能力要求，把单片机技术的相关知识和技能有机结合，学生学习后应掌握单片机技术及其在工业控制、经济建设和日常生活中的应用，培养实践能力、创新能力和新产品的辅助设计开发能力，具备简单的编程、调试能力和电子产品及设备的生产、操作、维护能力，为从事电子产品设计开发助理工作及电子产品的检测和维护等工作奠定坚实的基础。本课程的前导课程有电工技术基础与技能、电子技术基础与技能、电子 CAD 等，后续课程有电子产品装配及工艺、电子产品检验技术等。

（二）课程目标

通过本课程的学习，学生要达成以下目标。

1．素养目标

（1）具有良好的职业道德，能自觉遵守行业法规和企业规章制度。

（2）具有良好的工作态度与创新意识。

（3）具有良好的人际交往能力、团队合作精神和优质服务意识。

（4）具有自主学习、安全生产、节能环保和规范操作的意识。

（5）具有良好的信息收集和处理能力。

2．知识目标

（1）了解单片机技术的发展历史和现状。

（2）理解单片机技术相关的基本概念和原理。

（3）熟悉 MCS-51 单片机的外部引脚功能及使用方法

（4）理解 MCS-51 单片机常用功能指令的使用方法，掌握 C 语言编写程序的方法。

（5）熟悉单片机应用软件和仿真软件的使用，掌握单片机应用产品开发的原理及主要过程。

（6）理解物联网与单片机技术的关系。

3．技能目标

（1）会使用绘图软件画出单片机外围电路图。

（2）会使用 keil C 语言软件编写简单的 C51 程序。

（3）会使用单片机端口控制外围硬件。

（4）会使用常用电子仪器仪表对设备进行调试。

（5）会根据用户需求进行单片机应用产品的辅助开发及设计。

（三）课程内容与要求

本课程坚持立德树人的根本要求，结合中等职业学校学生学习特点，遵循职业教育人才培养规律，落实课程思政要求，有机融入思想政治教育内容，紧密联系工作实际，突出应用性和实践性，注重学生职业能力和可持续发展能力的培养，结合中高本衔接培养需要，根据国家物联网技术应用专业教学标准和重庆市人才培养指导方案对本课程的要求，合理设计如表 7-18 所示的学习单元（模块）和教学活动，并在素质、知识和技能等方面达到相应要求。

表 7-18　单片机技术及应用课程学习单元（模块）和教学活动

序号	学习单元（模块）	职业能力	课程内容与要求			建议学时
			素养要求	知识要求	技能要求	
1	LED 灯的制作	1.能创建一个 keil 观察文件 2.能通过单片机编程点亮多个发光二极管 3.会用 C 语言编程控制 LED 灯的工作	1.具有良好的职业道德，能自觉遵守行业法规和企业规章制度 2.具有良好的工作态度、创新意识 3.具有良好的人际沟通能力、团队合作精神和优质的服务意识 4.具有安全生产、节能环保和规范操作的意识 5.具有良好的信息收集和处理能力	1 理解单片机的原理及作用 2.理解单片机电平特性和进制的关系 3.理解单片机最小系统 4.理解发光二极管的原理及检测方法 5.理解单片机控制发光二极管的工作原理 6.理解实验设备程序烧录方法 7.理解 C 语言单片机的编程技巧 8.理解 C 语言各种语句的使用方法	1.会根据要求对数值进行二进制、十进制、十六进制的转换 2.会使用绘图软件画出单片机外围电路图 3.会根据要求建立一个 keil 工程文件 4.会进行单片机编程，点亮一个发光二极管 5.会进行单片机编程，点亮多个发光二极管 6.会烧录常用实验设备程序 7.会用 C 语言编程控制 LED 灯的工作	12

续表

序号	学习单元（模块）	职业能力	课程内容与要求			建议学时
			素养要求	知识要求	技能要求	
2	LED广告灯箱的制作	1.能编写程序实现LED闪烁功能并独立进行软件调试 2.能独立编写两种以上的LED跑马灯程序 3.能独立编写程序制作呼吸灯	1.具有良好的工作态度、创新意识 2.具有良好的人际交往能力、团队合作精神和优质服务意识	1.理解LED的基本知识，掌握单片机的基本结构 2.理解Keil软件的基本调试步骤 3.理解数组、移位运算符、函数的使用技巧 4.理解PWM调节占空比调光原理	1.会利用绘图软件绘制广告灯箱电路图 2.会编写程序实现LED闪烁功能，能独立进行软件调试 3.会设计单片机接口电路 4.会独立编写两种以上的LED跑马灯程序 5.会编写程序实现PWM调光，制作呼吸灯	12
3	数字时钟的制作	1.能编写数码管显示程序 2.能编写多位数码管显示程序 3.能编写数组的调用程序	1.具有良好的职业道德，能自觉遵守行业法规和企业规章制度 2.具有良好的人际交往能力、团队合作精神和优质的服务意识	1.理解共阳、共阴数码管显示的基本原理 2.理解单片机数码管消隐的相关知识 3.掌握锁存器的使用方法 4.理解多位数码管的动态扫描显示原理	1.会使用绘图软件绘制数码管显示电路图 2.会计算共阳、共阴数码管十六进制编码 3.会编写数码管显示程序 4.会使用锁存器进行程序编写，熟悉段选和位选的操作 5.会写出多位数码管显示程序 6.会编写数组的调用程序	8
4	篮球比赛计分牌的制作	1.能利用行列扫描和线反转法对矩阵键盘进行编程 2.能使用绘图软件绘制篮球计分器电路图 3.能通过编程实现篮球计分器功能	1.具有良好的工作态度、创新意识 2.具有安全生产、节能环保和规范操作的意识	1.理解独立按键和矩阵按键的基本知识 2.理解独立键盘、矩阵键盘的编程原理 3.理解I/O输入的程序编写原理以及键盘的防抖、重击、连击、松手检测的原理 4.理解SWITCH函数的使用方法 5.理解行列扫描和线反转法对矩阵键盘进行编程的原理	1.会编写独立按键的C语言程序 2.会使用绘图软件绘制独立按键的电路图 3.会利用SWITCH函数编写一个按键控制程序 4.会利用行列扫描和线反转法对矩阵键盘进行编程 5.会使用绘图软件绘制篮球计分器电路图 6.会编写程序，实现篮球计分器功能	16

续表

序号	学习单元（模块）	职业能力	课程内容与要求			建议学时
			素养要求	知识要求	技能要求	
5	八路抢答器的制作	1.能编译外部中断触发程序 2.能通过编程实现八路抢答器功能	1.具有良好的工作态度、创新意识 2.具有良好的人际交往能力、团队合作精神和优质的服务意识	1.理解外部中断的原理及优先级的设定 2.理解各类中断源、中断入口地址和入口号 3.理解外部中断设定方法 4.理解中断电路的设计原理	1.会使用绘图软件绘制八路抢答器的电路原理图 2.会编译外部中断触发程序 3.会编写程序，实现八路抢答器功能	12
6	篮球24秒倒计时牌的制作	1.能编写各定时器初始化程序 2.能编写篮球24秒倒计时程序	1.具有安全生产、节能环保和规范操作的意识 2.具有良好的信息收集和处理能力	1.理解中断的概念 2.理解中断函数的写法 3.掌握定时器工作方式、定时器中断应用方法 4.掌握定时器/计数器的工作方式 5.掌握控制寄存器的方法 6.掌握定时器方式的设置方法	1.会编写各定时器初始化程序 2.会确定工作方式和计算定时初值 3.会调试中断程序 4.会编写中断服务子程序 5.会使用绘图软件绘制篮球24秒倒计时电路图 6.会编写篮球24秒倒计时程序	16
7	16×16点阵LED屏的动画屏幕的制作	1.能编写16×16点阵LED屏动态显示程序 2.能调试程序实现显示功能	1.具有良好的职业道德，能自觉遵守行业法规和企业规章制度 2.具有良好的人际交往能力、团队合作精神和优质的服务意识	1.理解点阵LED屏的扫描显示原理，能看懂74LS244真值表及工作原理 2.理解扫描显示原理 3.掌握74LS244的使用方法 4.掌握中断技术及定时器的使用方法	1.能根据设计要求提取字模 2.会使用绘图软件绘制点阵LED屏的电路图 3.能熟练编写程序 4.能熟练调试程序，实现显示功能	14
8	LCD12864液晶显示屏的制作	1.能编写LCD12864液晶显示程序 2.能调试程序完成LCD 12864液晶屏显示字符功能	1.具有安全生产、节能环保和规范操作的意识 2.具有良好的信息收集和处理能力	1.理解LCD12864液晶屏的硬件知识 2.理解液晶屏的显示原理 3.掌握LCD12864液晶屏显示程序的编写	1.会编写LCD12864液晶显示程序 2.会调试编写的程序，实现LCD12864液晶屏显示字符	14
机动						4
合计						108

（四）课程实施

1. 教学要求

将思想政治教育融入教学，针对不同的生源结构，采用项目教学、案例教学、情境教学、模块化教学等教学方式，运用启发式、探究式、讨论式、参与式等教学方法，推动课堂教学改革。建议使用翻转课堂、混合式教学、理实一体教学等教学模式，加强大数据、人工智能、虚拟现实等现代信息技术在教育教学中的应用。

2. 学业水平评价

根据培养目标和培养规格要求，采用多元评价方式（如表 7-19 所示），加强过程性评价、实践技能评价，强化实践性教学环节的全过程管理与考核评价，结合教学诊断和质量监控要求，完善学生学习过程监测、评价与反馈机制，引导学生自我管理、主动学习，提高学习效率，改善学习效果。

表 7-19　学业水平评价体系

评价类型	评价内容	评价实施标准	成绩权重
过程评价（60%）	1.学习态度	出勤情况、上课纪律情况	0.04
	2.课堂发言	课堂提问	0.02
	3.作业提交情况	提交次数和质量	0.07
	4.学生自评和互评	评价记录	0.05
	5.实训安全操作规范、实训装置和相关仪器摆放情况	遵守实训操作规程，实训装置和相关仪器摆放整齐	0.03
	6.项目实训情况	评价项目实训完成效果和次数	0.05
	7.实训报告	评价实训报告和次数	0.04
	8.阶段理论考核	考核成绩	0.1
	9.阶段作品考核	单独考核	0.1
	10.服从安排	服从管理、清洁安排和调度	0.1
结果评价（40%）	11.期末考试	考核成绩	0.4

3．教学师资

担任本课程的专任教师应具有中等职业学校及以上教师资格证书，取得电子信息类专业本科及以上学历，或具有相关专业三年以上教学经验，并有本专业三级及其以上职业资格证书或相应技术职称；也可聘用行业专家、企业技术人员和管理人员以及社会能工巧匠担任兼职教师。

4．教材的选用及教学资源的开发与使用

按国家和地方教育行政部门规定的程序与办法选用教材。选用体现新技术、新工艺、新规范等内容的高质量教材，引入典型生产案例，也可探索开发活页式、讲义式教材做必要的补充。合理开发和使用音视频资源、教学课件、虚拟仿真软件、网络课程等信息化教学资源库，满足教学需求，提升学习效果。

5．教学实习与实训

（1）校内实训室：单片机技术实训室。

（2）校内实训实训设备：安装单片机仿真开发平台软件的计算机 50 台、单片机开发板 50 套。

（3）校外实训基地：与企业合作共建校外实训基地。

（五）编写依据

本课程实施标准依据国家专业目录、专业教学标准、顶岗实习标准、教学条件建设标准，教育部电子技术应用专业教学实施标准，结合重庆市物联网产业中涉及的电子产品设计开发、调试及维护相关岗位典型工作任务及职业能力要求制定。本课程实施标准适用于中等职业学校物联网技术应用、电子与信息技术、电子技术应用、制冷与空调设备运行与维护等专业。

随着技术的发展和教学技术的更新，本课程实施标准需要在 3～5 年内进行修订。

第七节　实训基地建设标准

为推进实习实训基地的建设，推动校企深度融合，实施现代学徒制试点工作，按照“互惠互利、双方共赢”的原则，重庆工商学校制定了《关于校企合作共建校内外实习实训基地的办法》，并根据此办法制定专门的基地建设标准。

一、整体布局

各区域使用面积合计约为260m²，其中，集团经营理念13.65m²、安全道场24.5m²、环境道场24.5m²、品质道场26.4m²、制造道场79.3m²、钎焊道场37.8m²、PM道场52.8m²（如图7-1所示）。

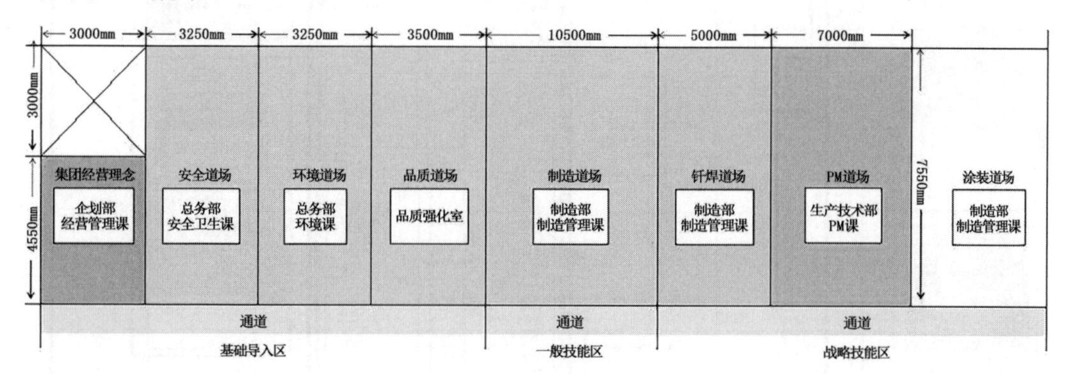

图7-1　基地整体布局

二、企业文化展示板

企业文化展示板的墙面由KT板材质制作（如图7-2所示），并利用金属包边。其中，企业经营理念在墙左上方，面积为1.8m×1m；大金在全球的企业据点介绍在右上方，面积为13.2m×1m；公司的鸟瞰图、大金残障团队、纳凉节、公司历年销售推移都设定为0.9m×0.6m，并依次排列在墙面下方。

图7-2　企业文化展示板布局

三、安全道场与环境道场

重庆工商学校的安全道场本来分别是由制造现场废弃物箱、危险废弃物箱、生活区域废弃物箱组成的环境道场，三个箱子的两边是废弃物分类的意义与分类、冷媒简介展板，现场纸类（现场塑料、金属、离型纸）展板，前方展板则展示“什么是变废为宝”“废纸再生”。现增设 3S 教育体感设备、2 台机械体感设备和 4RKYT 板（如图 7-3 所示）。

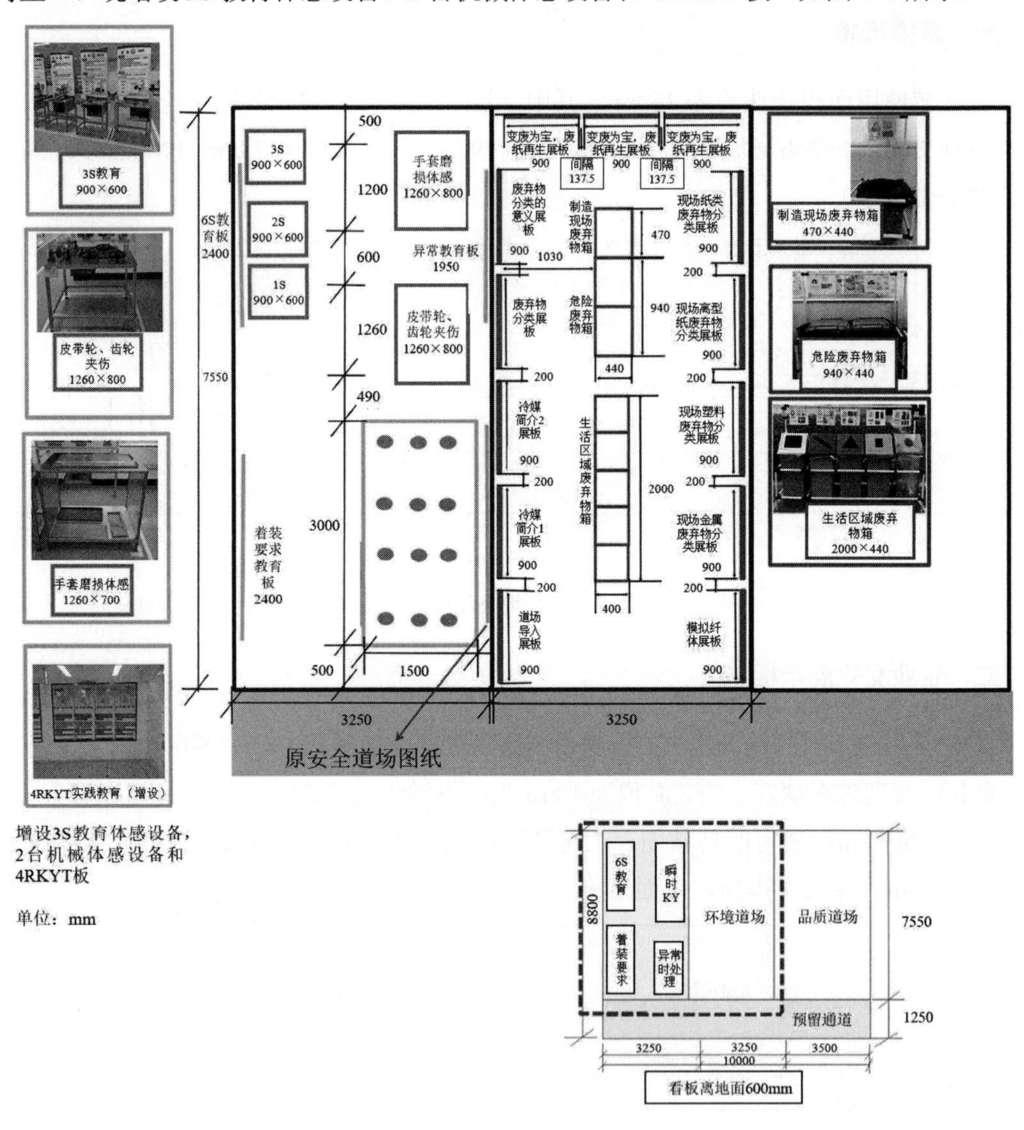

图 7-3 安全道场布局

四、品质道场

根据实施方案、道场实物展示标准、QC 道场展示架制作图三个标准来设计此道场。

（一）实施方案

目的是突出重要部件的品质特性，使学生提前感知大金品质要求点及重要性，从而培养学生的品质意识，如图 7-4 所示。

序号	项目	内容	目的	具体实施			每场培训人数	面积（㎡）	预算（千元）	搭建人员		工期	
				方法	呈现形式	更新周期（月）				部门·课	人数	材料准备（天）	实际搭建（天）
1	企业介绍	2YC90EXD压缩机模型	突出重要部件的品质特性，使学生提前感知大金品质要求点及重要性，从而为普及学生品质意识打下良好基础	解剖后可运转	演示+讲解	有变更时	10	26.4	4.5		2	30	0.5
		空调整机内部结构展示		拆外壳看结构	讲解	有变更时	10		7.0		2	10	1
		不良部品展示		展示+图解	讲解	有变更时	10		1.0		2	14	0.5
		良品部品展示（含马达）		展示+图解	讲解	有变更时	10		1.0		2	14	0.5
		展板				必要时	10		2.0		2	7	1
		线棒支架				必要时	10		4.5		2	7	1

图 7-4　展示重要部件的品质特性

（二）道场实物展示标准

品质道场长 7550mm、宽 3500mm，左边是空调部品和不良部品展示台，右边展示空调的压缩机、内机与外机（如图 7-5 所示），帮助学生对空调内部结构进行更深入的了解。

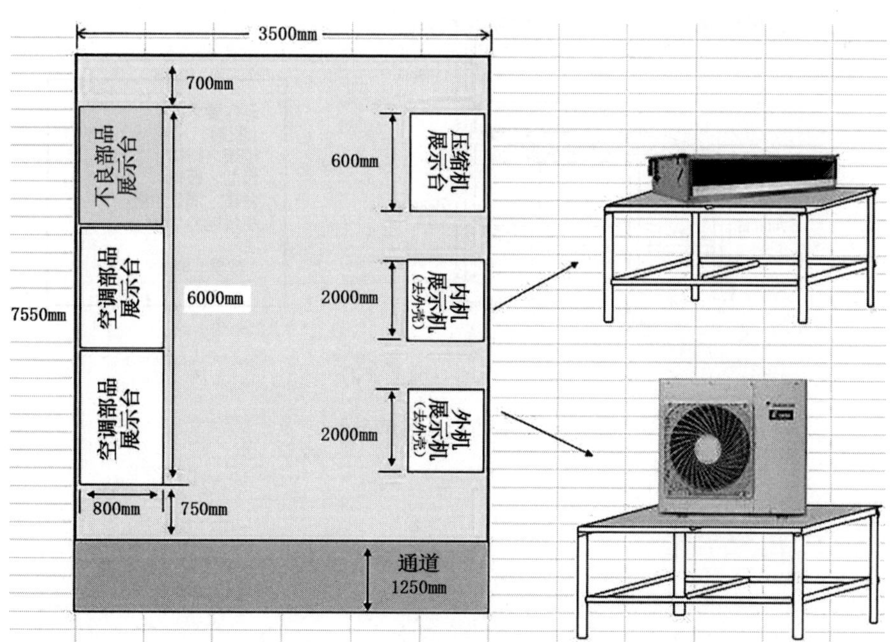

图 7-5　品质道场实物展示标准

（三）QC 道场展式架制作图

QC 道场展式架制作图设定：展示台制作材料统一采用线棒作框架，板材台面，浅蓝色绒布为台布，并能承载 30kg 能力。展示台共有 6 个，3 台展示空调部品，1 台展示压缩机，1 台展示外机整机结构，1 台展示内机整机结构（如图 7-6～图 7-9 所示）。

制作要求：
1.材料：
框架：线棒
台面：板材
台布：浅蓝色绒布
承载能力：30kg

2.数量：3台

图 7-6　空调部品展示台

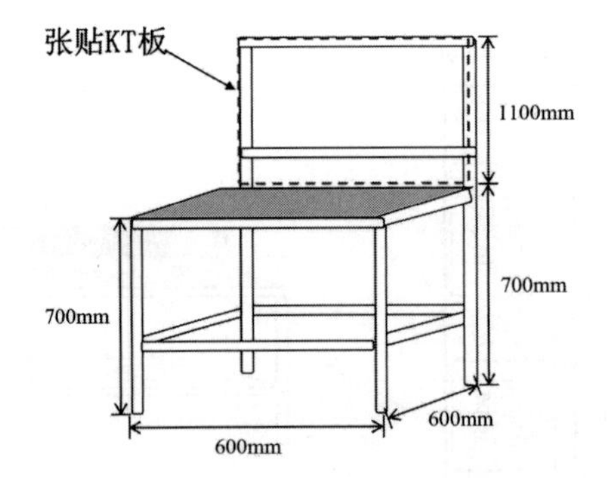

制作要求：
1.材料：
框架：线棒
台面：板材
台布：浅蓝色绒布
承载能力：30kg

2.数量：3台

图 7-7　压缩机展示台

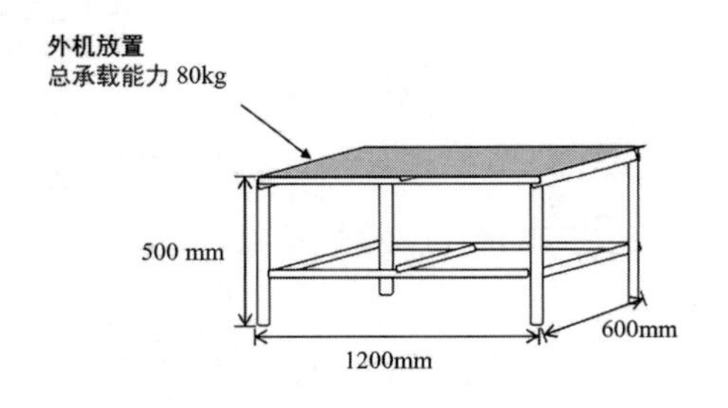

制作要求：
1.材料：
框架：线棒
台面：板材
台布：浅蓝色绒布
承载能力：80kg

2.数量：1台

图 7-8　外机整机结构展示台

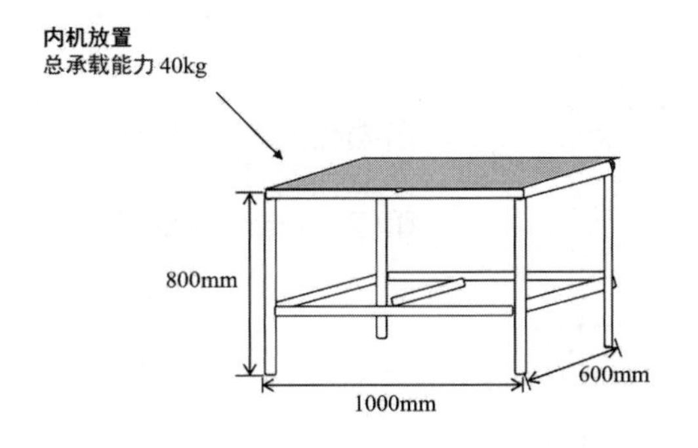

制作要求：
1.材料：
框架：线棒
台面：板材
台布：浅蓝色绒布
承载能力：40kg

2.数量：1台

图 7-9　内机整机结构展示台

五、制造道场与钎焊道场

制造道场由一般素质训练区（6S 实物培训、感知培训），基础技能训练区（螺丝固定、扎线、U 型管插入、端子台固定），管理、改善能力提高区三个区域构成（如图 7-10～图 7-19 所示）。

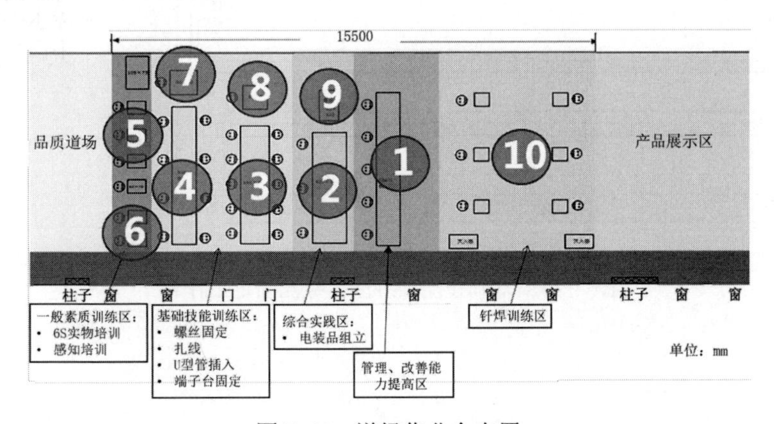

图 7-10　道场作业台布置

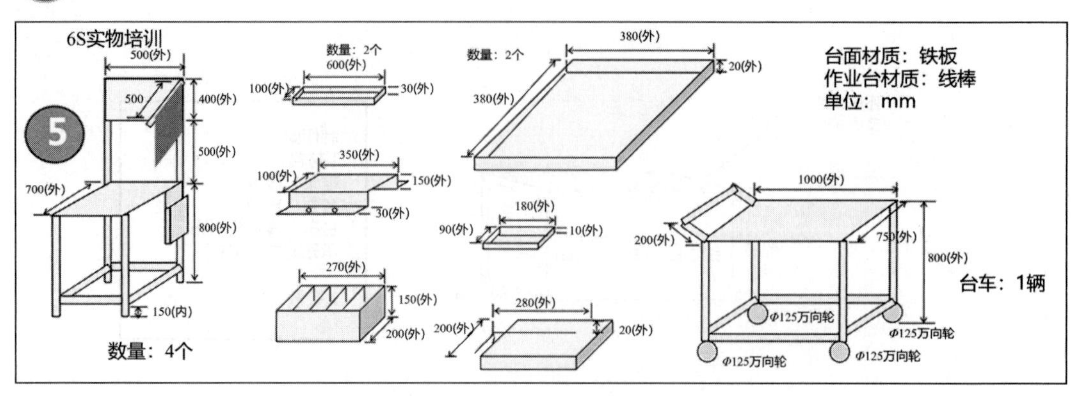

图 7-11　素质训练区之 6S 实物培训工作台

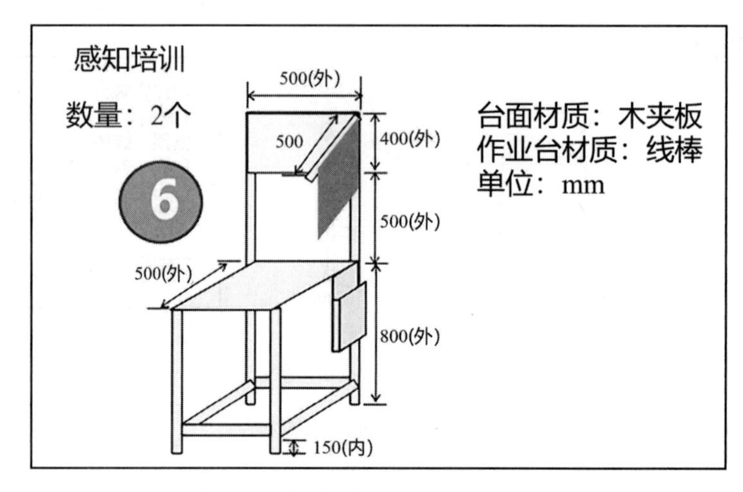

图 7-12　素质训练区之感知培训工作台

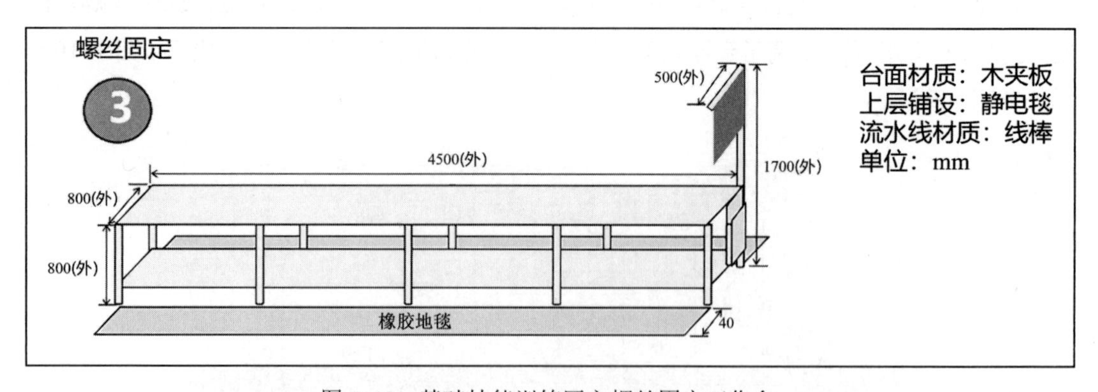

图 7-13　基础技能训练区之螺丝固定工作台

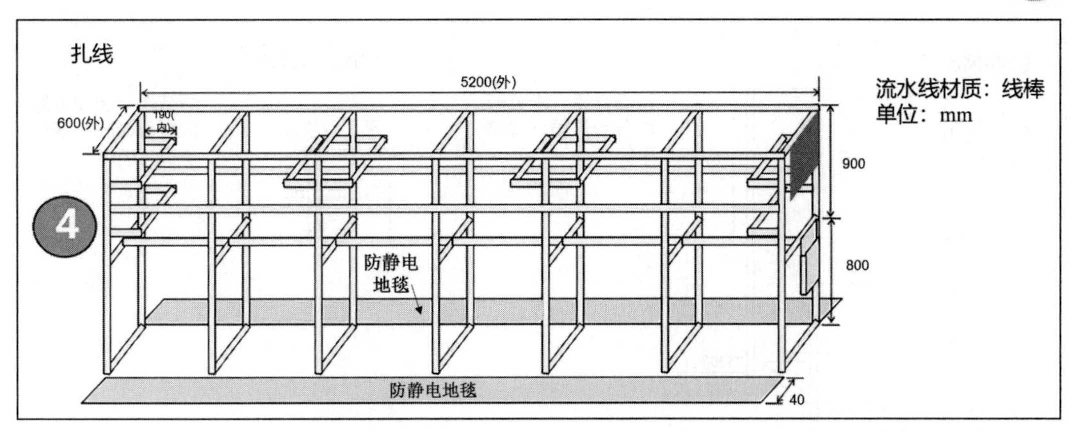

图 7-14　基础技能训练区之扎线工作台

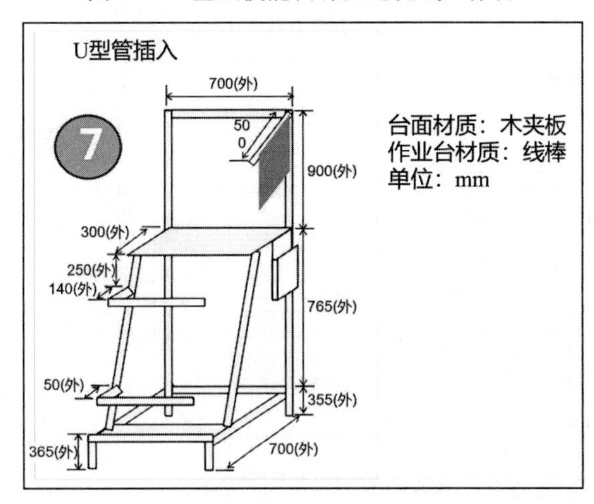

图 7-15　基础技能训练区之 U 型管插入工作台

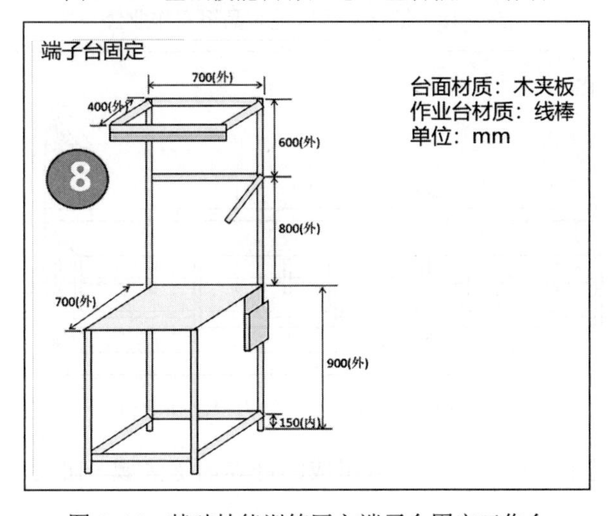

图 7-16　基础技能训练区之端子台固定工作台

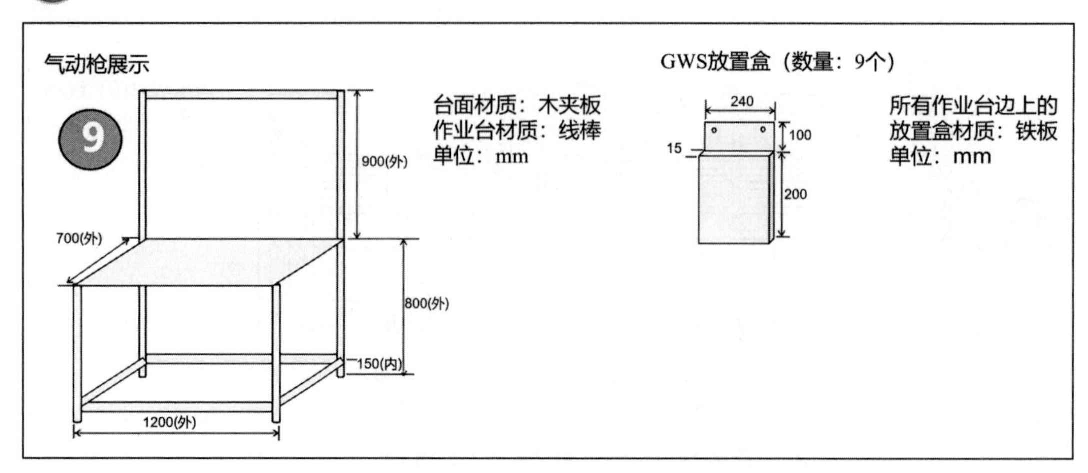

图 7-17　工具工作台

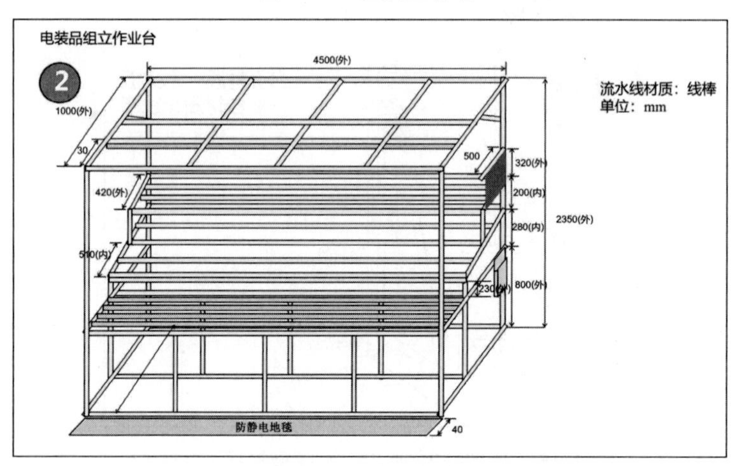

图 7-18　综合实践区电装品组立作业台

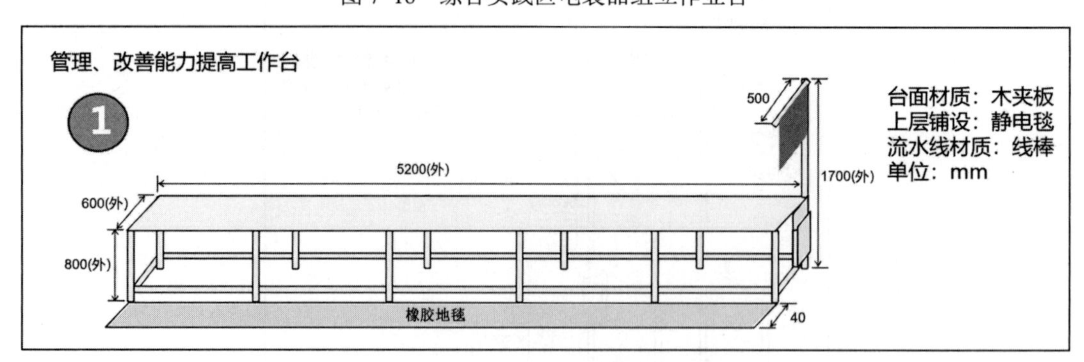

图 7-19　管理、改善能力提高作业台

钎焊道场主要是由 6 台钎焊工作台组成的钎焊训练区域（10 号），如图 7-20 所示。

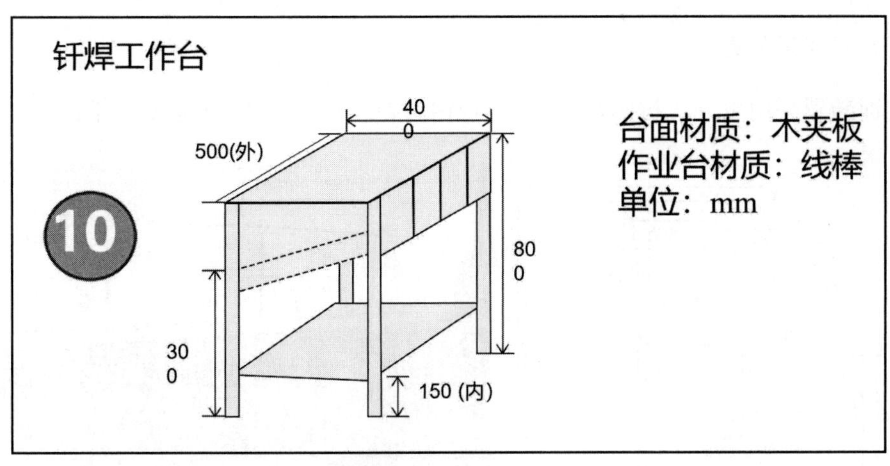

图 7-20　钎焊工作台

六、PM 培训道场

（一）PM 培训道场布局

重庆工商学校的 PM 培训道场高 7500mm、宽 7000mm，由学生的学习准备区域、实践操作区域（变频器控制、传感器、空压系统、PLC 触摸屏）、特定的观摩区域、设备管理基础与生产设备简介区域组成（如图 7-21 所示）。

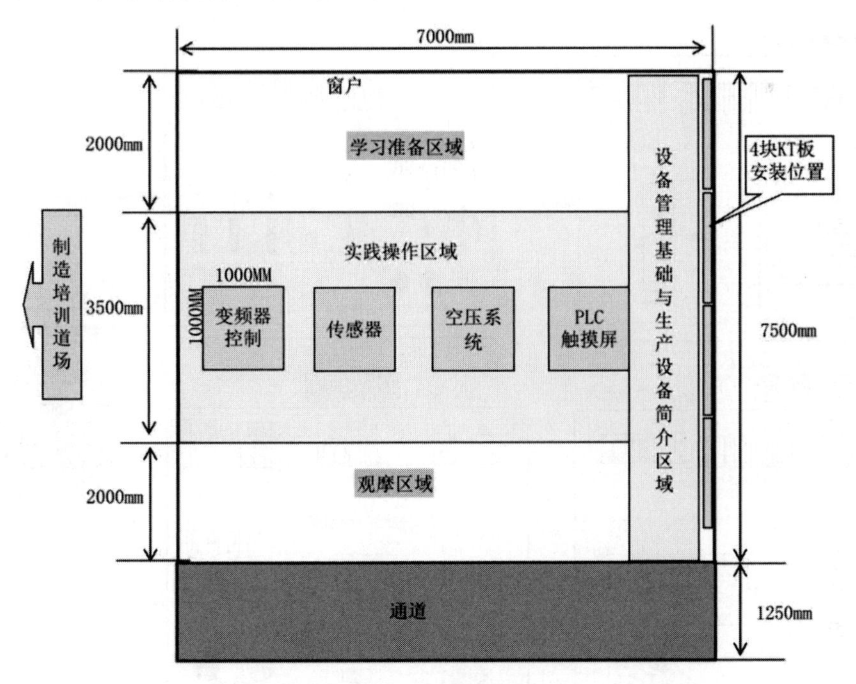

图 7-21　PM 培训道场布局

（二）实训装置单元

实训装置采用单元式控制，每个训练台由触摸屏和PLC模块构成（如图7-22所示）。

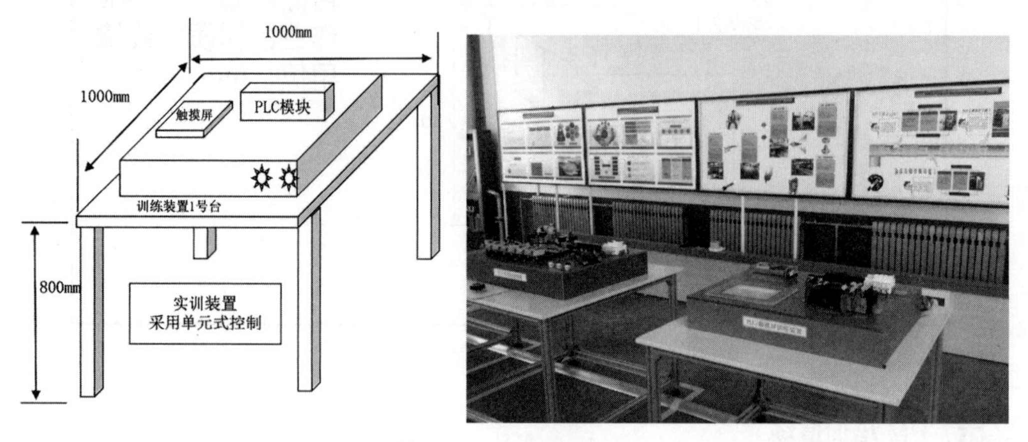

图7-22 实训装置单元

（三）培训装置单元

培训装置单元包括：①带有防护罩、电动机、变频器的变频控制模块；②传感器控制；③带有PLC模块的PLC控制模块；④由电磁阀与气控阀等组成的空压控制模块（如图7-23所示）。

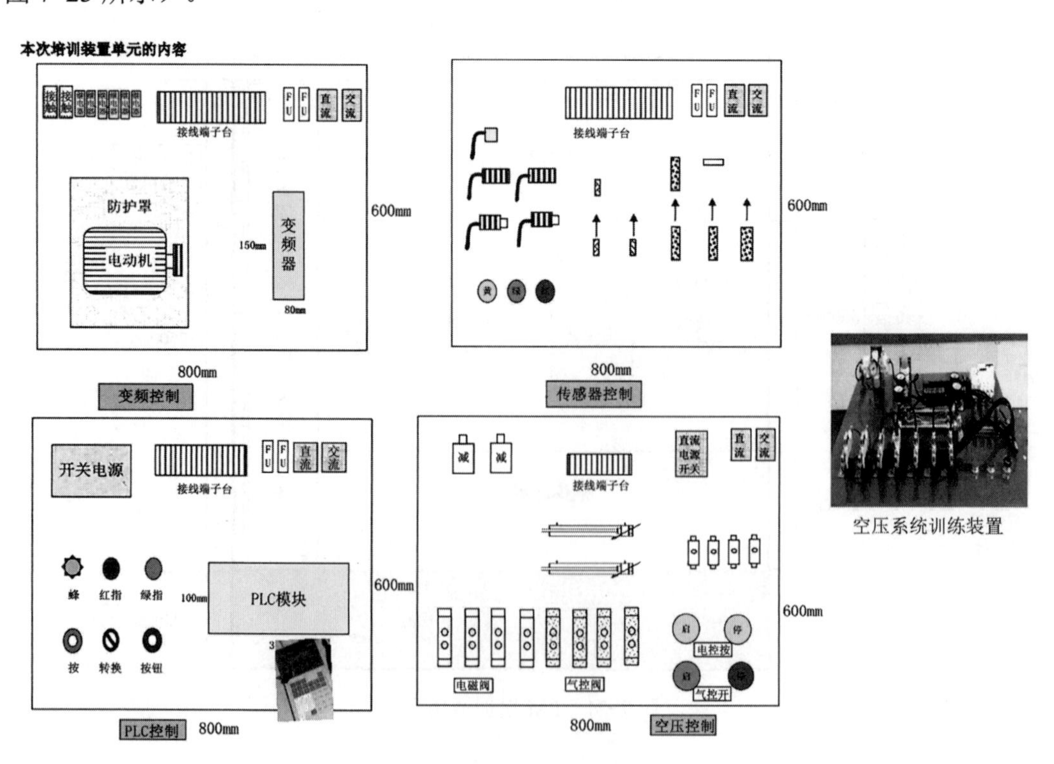

图7-23 培训装置单元

七、涂装道场

涂装道场布局：第一排放置两个文件柜，旁边配置一个垃圾桶与一个洗手池；三个课桌竖着一列放置下来，课桌的旁边是体感设备与练习设备（如图 7-24 所示）。

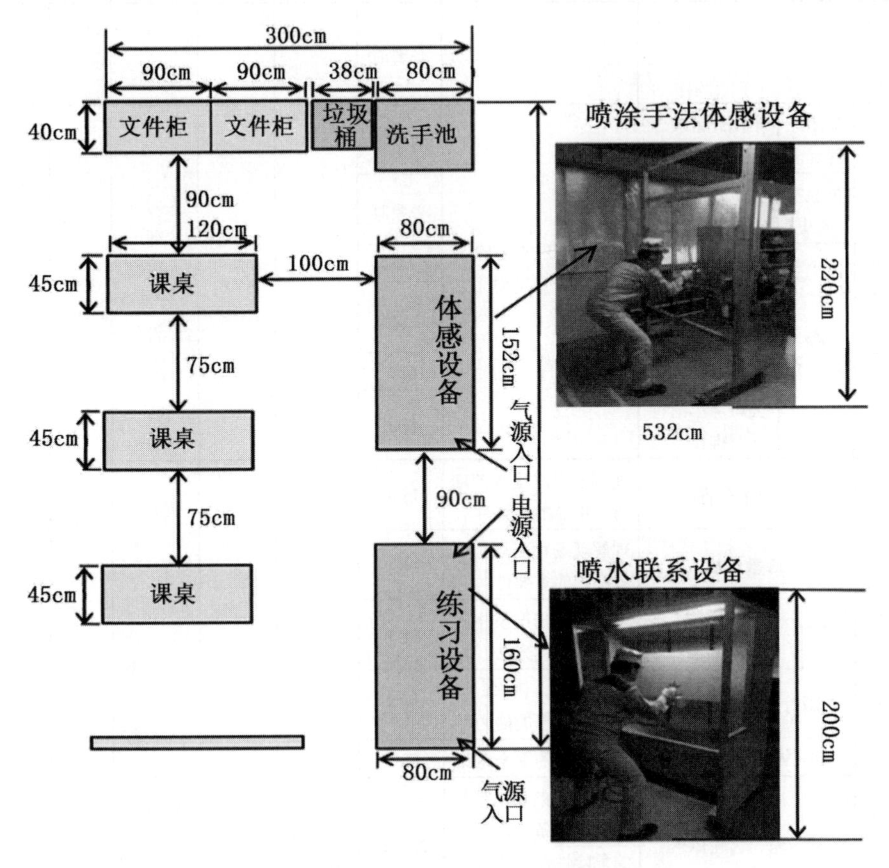

图 7-24　涂装道场布局

八、道场培训内容

道场培训内容主要由企业文化、安全道场、环境道场、品质道场、制造道场、钎焊道场、涂装道场、设备保全 8 个项目构成（如表 7-20 所示）。

表 7-20　道场培训内容

<table>
<tr><th rowspan="2">序号</th><th rowspan="2">项目</th><th rowspan="2" colspan="2">内容</th><th rowspan="2">目的</th><th rowspan="2">更新周期</th><th rowspan="2">每场培训人数</th><th rowspan="2">道场面积（m²）</th><th colspan="2">搭建人员</th><th colspan="2">工期（天）</th></tr>
<tr><th>部门</th><th>人数</th><th>材料准备</th><th>实际搭建</th></tr>
<tr><td>1</td><td>道场整体布局</td><td colspan="2"></td><td></td><td>必要时</td><td>20～30人</td><td></td><td></td><td></td><td></td><td></td></tr>
<tr><td rowspan="6">2</td><td rowspan="6">企业文化</td><td>集团经营理念</td><td>集团经营理念介绍</td><td rowspan="6">通过企业文化的介绍，提升员工对企业的归属感</td><td>必要时</td><td rowspan="6">20～30人</td><td rowspan="6">13.6</td><td rowspan="6">人力资源部—人事管理课
广告公司</td><td rowspan="6">3 人</td><td rowspan="6">10</td><td rowspan="6">2</td></tr>
<tr><td>企业发展史</td><td>大金在全球的企业据点介绍</td><td>必要时</td></tr>
<tr><td rowspan="4">上海大金简介</td><td>公司鸟瞰图</td><td>必要时</td></tr>
<tr><td>大金残障团队（CSR）</td><td>必要时</td></tr>
<tr><td>纳凉节</td><td>每年</td></tr>
<tr><td>公司历年销售推移</td><td>每年</td></tr>
<tr><td rowspan="7">3</td><td rowspan="7">安全道场</td><td colspan="2">着装要求教育板</td><td>理解生产过程中劳动防护用品的重要性</td><td>每年</td><td rowspan="7">12 人</td><td rowspan="7">24.5</td><td rowspan="7">总务部—安全卫生课</td><td rowspan="7">2 人</td><td>1</td><td>0.5</td></tr>
<tr><td colspan="2">6S 教育板</td><td>理解现场物品规则放置标识的重要性</td><td>每年</td><td>1</td><td>0.5</td></tr>
<tr><td colspan="2">“停止—汇报—等待”教育板</td><td>掌握异常情况发生时的正确处置方法</td><td>每年</td><td>1</td><td>0.5</td></tr>
<tr><td colspan="2">瞬时 KYT 教育板</td><td>提高发现、认识、排除危险隐患的能力</td><td>每年</td><td>1</td><td>0.5</td></tr>
<tr><td colspan="2">4RKYT 实践教育板</td><td>提高人员的安全意识</td><td>每年</td><td>1</td><td>0.5</td></tr>
<tr><td colspan="2">皮带轮、齿轮体感</td><td>体验肢体夹入皮带与飞轮或链条与链轮间的危险性，杜绝危险行为</td><td>必要时</td><td>10</td><td>0.5</td></tr>
<tr><td colspan="2">手套磨损体感</td><td>体验劳防用品的重要性和不及时更换破损的劳防用品的危险性，以此提醒员工应及时更换</td><td>必要时</td><td>10</td><td>0.5</td></tr>
<tr><td rowspan="2">4</td><td rowspan="2">环境道场</td><td colspan="2">道场导入展板</td><td>将在工作中遇到的最基本的环境问题浓缩于整个课程中，将环境与实际相结合，从点滴节能意识上推进</td><td>每年</td><td rowspan="2">20 人</td><td rowspan="2">24.5</td><td rowspan="2">总务部—环境课</td><td rowspan="2">1 人</td><td rowspan="2">60</td><td rowspan="2">1</td></tr>
<tr><td colspan="2">冷媒简介展板</td><td>了解冷媒使用对环境的影响及如何降低温室效应气体的排放</td><td>每年</td></tr>
</table>

续表

序号	项目	内容	目的	更新周期	每场培训人数	道场面积（m²）	搭建人员		工期（天）	
							部门	人数	材料准备	实际搭建
		办公区域废弃物分类展板	依据废弃物自身属性及其与食物的接触程度，确定废弃物分类要求，进行自主分类投放	每年						
		变废为宝展板	实施分类投放，对可再利用废弃物通过再资源化，变废为宝	每年						
		现场废弃物分类展板	为有效地降低生产成本，公司将生产中大量、重复产生的生产废弃物进一步分类细化，提高回收率	每年						
		模拟线体展板(照明、空调、线体、漏气)	了解良好节能习惯养成的重要性，在体感舒适的情况下，如何合理用能，降低能耗	每年						
		废弃物箱实物(制造现场、危险废弃物、办公区域)	通过感官体验，使员工从知道、认同到维护、遵守，从而养成良好的环境保护意识	每年						
5	品质道场	2YC90EXD 压缩机模型	突出重要部件的品质特性，使学生提前感知大金品质要求点及重要性，从而为学生普遍建立品质意识打下良好基础	必要时	10 人	26.4	品质强化室	2 人	30	0.5
		空调整机内部结构展示		必要时					10	1
		不良部品展示		必要时					14	0.5
		良品部品展示(含马达)		必要时					14	0.5
6	制造道场	一般素质训练区：6S 实物培训	1.6S 是一切工作的基础，从入公司开始就灌输员工 6S 的理念，提升员工的基本素质 2.员工养成遵守规则的习惯 3.灌输员工规则的重要性	必要时	15 人	8.25（1.5×5.5）	制造部—制造管理课	3 人	30	10
		一般素质训练区：感知培训	1.提高员工的品质意识 2.通过不同材质物品的感知，提高员工的感知灵敏度 3.提高员工发现异常的能力，防止不良品流出	必要时	15 人	3（1.5×2）				

续表

序号	项目	内容		目的	更新周期	每场培训人数	道场面积（m^2）	搭建人员		工期（天）	
								部门	人数	材料准备	实际搭建
		基础技能训练区	螺丝固定	1.熟练掌握气动枪的使用方法 2.熟练并正确进行不同位置的螺丝固定 3.了解螺丝固定的品质及安全注意点	必要时	10人	13.2（2.4×5.5）				
			扎线	1.让员工熟练掌握扎线的基本手法，缩短上岗周期 2.了解扎线的品质、安全要点	必要时	15人	13.2（2.4×5.5）				
			U型管插入	1.让员工熟练掌握U型管的插入手法，提高作业生产性 2.让员工了解U型管插入的品质及安全要点	必要时	10人	1（1×1）				
			端子台固定	1.让员工熟练掌握力矩螺丝枪的使用 2.让员工熟练掌握端子台接线的方法，缩短上岗周期 3.了解端子台接线的品质及安全要点	必要时	10人	1（1×1）				
		综合实践区	电装品组立	1.应对流水线需求，增加新机型训练项目，让员工能快速上岗 2.让员工熟练掌握VX电装品的组立方法 3.通过实践让员工对产品、GWS的使用方法进行讲解	必要时	10人	11.55（2.1×5.5）				
	辅助（文件柜/过道）						17				
7	钎焊道场	钎焊基础	立焊 倒焊 横焊	1.熟练掌握钎焊的操作方法 2.熟练并正确地进行不同方式的钎焊 3.了解钎焊的品质及安全注意点	必要时	12人	35.8（5×7.55）	制造部—制造管理课生技供应商	4人	30	5

续表

序号	项目	内容	目的	更新周期	每场培训人数	道场面积（m²）	搭建人员		工期（天）	
							部门	人数	材料准备	实际搭建
8	涂装道场	静电粉末涂装基础知识	了解涂装的定义	必要时	40 人					
			了解静电粉体涂装流水线的工艺基础	必要时	40 人					
			了解粉体涂装的检查基准及方法	必要时	40 人					
		粉体涂装工艺流程及设备简介	了解粉体涂装各个工艺的名称、种类及作用	必要时	40 人					
			了解上海大金采用的涂装工艺	必要时	40 人					
			初步了解认识粉体涂装相关设备	必要时	40 人					
			掌握上海大金前处理工艺管控的目标	必要时	40 人					
			掌握粉体固化工艺管控目标	必要时	40 人					
		涂装喷枪的原理及调节方法	了解喷枪的种类并能加以区分	必要时	40 人					
			了解喷枪工作原理和结构组成	必要时	40 人					
			掌握喷枪各部件的功能	必要时	12 人	30	制造部—制造管理课生技供应商	4 人	30	5
			掌握喷枪的调节方法并能灵活使用	必要时	12 人					
		涂装喷涂手法实际操作练习	掌握涂装喷涂的基础手法	必要时	12 人					
			利用辅助练习设备练习，掌握喷涂基本手法	必要时	12 人					
		涂装急救及环保知识	掌握涂装个人安全与防护	必要时	12 人					
			掌握涂装临时急救措施	必要时	12 人					
			了解大金主要管理的化学药剂及急救措施	必要时	40 人					
			了解大金废水处理浓硫酸泄漏应急作业标准	必要时	40 人					
			了解大金涂装粉末喷涂室应急作业标准	必要时	40 人					
			了解大金涂装前处理应急作业标准	必要时	40 人					

续表

序号	项目	内容		目的	更新周期	每场培训人数	道场面积(m^2)	搭建人员		工期（天）	
								部门	人数	材料准备	实际搭建
9	设备保全	设备管理	设备保全的意义	了解保全的概念	必要时	10～15人	40	生产技术部—PM课	3人	30	6
			设备故障的规律	了解设备故障是怎么发生的	必要时						
			DIS品质关联生产设备	了解公司的设备	必要时						
		PLC控制技术	PLC控制的方式	了解PLC的发展及应用	必要时						
			PLC模块的组成及各自的功能	了解常用模块的功能	必要时						
			PLC输入、输出的接线	掌握PLC模块的接线连接	必要时						
			PLC简单的控制程序	了解公司的设备	必要时						
		传感器控制技术	常用传感器的分类	了解传感器的分类形式	必要时						
			光电传感器的应用	掌握光电传感器的接线调整	必要时						
			接近传感器的应用	掌握接近传感器的接线调整	必要时						
		变频控制技术	变频器的作用功能	了解变频器的功能作用	必要时						
			变频器的控制接线	掌握变频器的控制接线	必要时						
			变频器的参数设定	掌握变频速度调整方法	必要时						
		空压控制技术	空压系统组成	掌握空压系统的组成内容	必要时						
			电磁阀的控制原理及配管	掌握电磁阀的接线及配管	必要时						
			气缸的结构及控制方法	掌握气缸速度的调整方法及气缸维护方法	必要时						
			空压回路的连接	掌握简单回路的控制方法	必要时						
		继电控制	按钮的选择及接线	掌握按钮的结构及接线方法	必要时						
			接触器的选择及接线	掌握接触器的结构及接线方法	必要时						
			控制回路的接线	掌握一般控制回路的接线及故障检查	必要时						

第八节　学生（学徒）实习标准

一、适用范围

本标准适用于我校现代学徒制制冷和空调设备运行与维护专业三年制学生实习各环节的安排，面向空调制造类实习单位及从事制冷设备的组装、调试、运行、维护和维修等工作岗位（群）或技术领域。

二、实习目标

学生通过制冷和空调设备运行与维护专业顶岗实习，了解企业的生产运行、组织架构、规章制度和企业文化；掌握岗位的典型工作流程、工作内容及核心技能；养成爱岗敬业、精益求精、诚实守信的职业精神，增强学生的就业能力。

三、时间安排

根据政、校、企、生四方协议和人才培养方案，本专业为现代学徒制班级，学生实习分别在学校和企业进行，在校实习时间半年左右，第1～3学期每月安排一周集中在学校实训基地实习；在企业实习时间一年左右，第4～6学期每学期后半学期安排在企业实习。

四、实习条件

（一）实习企业

学生实习的单位要符合我校现代学徒制企业遴选标准，应以制冷/制热设备生产头部企业为主体，具备充裕的实习岗位，能提供良好的工作环境、食宿条件、安全设施、薪酬保障等条件。

（二）设施条件

实习单位应具有以下基本设施条件：

（1）专业设施：能提供空调和制冷设备、专用生产设备（如输送设备、成型机、剪切机、弯管机等）、电气及机电一体化设备（如成套电气设备、自动生产线、机器人、机械手等），以及各种配套工具，并能提供学生集中教学所需的场地及设施。

（2）信息资源：校企双方共同建立异地校企远程协同教学平台；提供实习岗位所涉及设备的执行标准（国家、行业或实习单位）与规范、操作手册、生产工艺卡、生产作业指导书等资料。

（3）安全保障：学校派遣学校教师全程跟踪学生实习工作，与学生同吃同住同劳动，参与企业实践，并作为学生安全工作负责人。企业指定试岗轮岗师傅、定岗顶岗师傅，指导学生实习，并作为学生实习安全负责人。由现代学徒制校企工作委员会负责指导。企业严格落实安全生产规章制度，制定生产安全事故应急救援预案；为实习场所配备必要的安全保障器材；定期对实习学生进行安全意识、安全生产教育和培训；为实习学生提供必需的劳动防护用品，保障学生实习期间的人身安全；提供实习学生集中餐饮和住宿等基本生活保障条件；执行国家在劳动时间方面的相关规定；按学生实习的工作量或工作时间支付合理的报酬。在企业实习期间，由企业购买安全生产险，由学校购买实习生责任险。

（三）实习岗位

顶岗实习岗位应符合专业培养目标要求，与学生所学专业对口或相近。实习单位应提供下列工种的实习岗位：①一般技能岗；②品检岗；③钎焊岗；④电气设备维护维修岗；⑤喷涂岗。

学校和实习单位应当合理确定顶岗实习学生占在岗人数的比例，顶岗实习学生的人数不超过实习单位在岗职工总数的10%，在具体岗位顶岗实习的学生人数不高于同类岗位在岗职工总人数的20%。

（四）指导教师

校企根据双导师制度，派遣优秀教师带领学生到企业实习，与企业师傅共同管理学生实习。学校指导教师要符合现代学徒制学校教师遴选标准，企业指导教师要符合现代学徒制企业师傅遴选标准。

五、实习内容

制冷和空调设备运行与维护顶岗实习内容应符合专业人才培养目标，本专业实践教学环节如表 7-21 所示。在实习过程中，学生必须完成表 7-21 中识岗学习、试岗学习、轮岗学习、定岗学习、顶岗学习五个实践教学环节。

表 7-21　制冷和空调设备运行与维护专业实践教学环节

序号	名称	主要教学内容和要求	参考学时
1	识岗实习	了解 4 个技术岗位和 12 个普通岗位的具体工作任务	30
2	试岗实习	在企业师傅的传授下，掌握钎焊、涂装、保全、品质、一般技能岗位等 5 个岗位的基本操作技能，使学生基本能够离开企业师傅独立操作	120
3	轮岗实习	在企业师傅的传授下，熟练掌握钎焊、涂装、保全、品质、一般技能岗位等 5 个岗位的基本操作技能，使学生能够离开企业师傅独立操作	360
4	定岗实习	在企业师傅的指导和熏陶下，传承精益求精的工匠精神，掌握 1 个岗位的核心技术，同时树立工匠精神	240
5	顶岗实习	在企业师傅的带领下进行产品的技术开发，研究新方法、新工艺，实现节能减排，提高生产效率	540
合计			1290

六、实习成果

实习学生应按时完成规定的实习任务，撰写实习日志，并在顶岗实习结束时提交顶岗实习总结报告和实习期间形成的技术方案或实习期间完成的实物作品的说明材料（图文说明或音视频说明）。

七、考核评价

（一）考核内容

实习成绩体现学生在实习阶段学习、工作的综合表现与成果，由学校和企业根据学生在五岗实习期间的表现进行综合评价。具体考核内容由过程性考核与终结性考核两部分组成，其考核内容及成绩比例如表 7-22 所示。考核的结果分优秀、良好、合格和不合格四个等级。学生的考核结果达到合格及以上者可获得相应学分。

表 7-22 中过程性考核的企业实习巡回检查记录主要包括工作纪律（签到、出勤等）、工作规范、安全生产、敬业精神、人际关系、岗位绩效（产品数量、合格率等）等；学校实习巡回检查记录主要包括学习计划制订与执行情况、学习效果，评估学生的工作状态、生活状态和心理状态等。

表 7-22　实习考核内容及成绩比例

序号	考核内容	组成部分及分值比例		占总成绩的比例
1	过程性考核	企业实习巡回检查	70%	40%
		学校实习巡回检查记录	30%	
2	终结性考核	实习手册	50%	60%
		实习总结	20%	
		实习鉴定	30%	

（二）考核形式

学生实习成绩的评定采用校企双元评价模式，过程性考核与终结性考核相结合的方式进行。过程性考核主要以日常巡回检查的书面记录为主。终结性考核中的实习总结与实习鉴定以书面评价为主；实习手册中的实习周志及各种记录以书面记录为主，阶段性考核以结果性考核成绩为主，其中应知部分（工艺理论知识）采用书面考核的形式，应会（技能操作水平）部分采用实际操作考核的形式。

（三）考核组织

本专业实习考核应由校企双方组成的顶岗实习考核小组负责实施，参与考核的人员至少应包括实习单位和学校校企合作处的主要人员、指导教师及本班级其他实习学生等，宜采用企业师傅评价、教师评价、行业评价、学生自评、学生互评等组织形式。

八、实习管理

本专业学生顶岗的管理由学校和实习单位共同组织实施，不得通过中介机构有偿代理组织、安排和管理学生的顶岗实习工作。

（一）管理制度

表 7-23 列举了必备的管理制度。

表 7-23　顶岗实习管理制度一览表

序号	管理制度	制度内容
1	校企合作协议	本着“平等自愿、公平合理、互利互惠”原则，通过现代学徒制工作校企合作协议的方式，明确校企双方的职责，并在此基础上签订政、校、企、生四方协议
2	实习实施办法	明确实习实施机构分工、流程、要求、提交成果等
3	实习指导教师工作职责	明确实习单位及学校教师职责，学校指导教师和企业指导教师应负责实习具体实施工作，协调、解决、指导、帮助学生完成实习；校企双方根据其工作内容和教学工作特点，制定工作量考核激励办法
4	实习学生管理办法	为保障实习学生的人身安全，制定相关交通安全、生产安全、设备安全等方面规定，并建立事故报告程序；为保障学生实习期间管理环节合理、规范，对学生实习守则、作息时间、纪律、请假审批程序、住实习企业学生宿舍管理等方面做出明确规定；为保障学生与实习单位的权益，制定关于实习单位退回实习学生的依据条例、时间限制、处理程序及补充学生的规定等

（二）过程记录

企业指导教师及时记录实习期间学生岗位变动情况，按时审阅学生实习记录及实习成果，并签字确认。学校指导教师全程陪同学生实习，针对各项问题进行指导，并填写注明时间和指导内容的实习教师指导记录表。

学校应在实习期间加强监管，通过各种方式了解并解决学生实习期间遇到的问题，采取措施及时解决所遇问题并形成记录，同时，促进管理工作不断规范，教学质量不断提高。

（三）实习总结

（1）学生总结：学生总结通过撰写实习总结报告，以文字、图片、视频等形式反映实习过程与体会，总结实习的不足与收获。

（2）指导教师总结：指导教师总结采用座谈会的形式，建议在实习单位召开，按实习单位分组成立小组，学校教师、企业师傅及学生参加，交流经验体会，推荐小组优秀实习学生与实习成果。

（3）专业总结：专业总结采用总结大会的形式，本专业学校教师、企业师傅和全体学生参加，学校教师和企业师傅代表分别做顶岗实习工作总结，优秀学生做实习经验交流汇报。同时，对优秀的实习成果进行展示和表彰。

（四）附件

1．实习任务书及实习计划

实习任务书及实习计划的主要内容包括目标要求、实习岗位、实习内容、实习时间安排、提交的实习成果、成绩评定、实习要求等。

2．实习总结报告

实习总结报告的主要内容包括实习基本情况、实习评价、实习技术总结、实习思想道德总结、对实习的意见和建议等。

3．四方协议（格式协议）

四方协议（格式协议）的主要内容包括实习时间及地点、各方权利和义务、实习待遇、协议的生效条件、协议的终止与解除等。

第九节　教学运行管理标准

一、教学常规

（一）备课

（1）认真钻研和全面掌握本学科教学大纲和教材。学习上级教育部门有关本学科教学的规定，厘清教学任务和教材体系、结构，了解教材各章节在课程中的地位、作用，明确重点和难点。

（2）深入了解学生。掌握学生在接受能力、认知水平、学习习惯和原有基础等方面的差异，分析学生的心理状态，因材施教。

（3）设计课堂教学。根据教学内容与学情分析，确定教学目标，设计师生活动，明确设计意图，选择教学方法，突出重点，突破难点。

（4）精选例题，精心设计训练的内容和形式，拟定练习题。

（二）上课

（1）做好课前准备，上课铃响之前到达教室门口，不准提前下课，不准拖堂。

（2）上课前要负责清点学生并做好记载，上课必须认真讲解、示范、答疑、辅导、纠错等。

（3）认真组织课堂，及时管理督导学生睡觉、打闹等违纪行为。

（4）面向全体学生，处理好教与学的关系，不断调整和控制课堂教学进程，努力调动各层次学生的学习积极性。

（5）使用普通话教学，语言力求准确、生动、形象，板书字迹工整，内容简要、形象、脉络清楚。

（6）采用科学的教法与学法，利用微课、慕课、仿真教学等现代信息化教学手段，提高课堂效率。

（7）上课精神饱满，严于律己。做到态度和蔼可亲，教风严谨朴实，不得坐着讲课，不得擅离教室。坚持文明教学，严禁体罚和变相体罚学生。

（8）上课期间不得做接听电话、写教案等与本堂教学内容无关的事情。

（9）认真落实教学进度计划，完成周计划、月计划和学期计划。

（10）自习课给学生布置相应的自学任务，并巡回指导、辅导、答疑，不做与课堂无关的事情。

（三）作业批改

（1）作业布置：语文、数学、英语、专业理论课的每周作业数不低于周课时数的二分之一；德育、物理、历史、计算机基础等公共基础课的作业次数不低于周课时数的三分之一；专业技能课应在每次课下课后对学生完成任务情况给予成绩评定。

（2）批改作业应及时，有必要的应面批或当面订正。

（3）严格要求学生认真、按时、独立完成作业；对无故缺作业的要让其补做；对抄袭、马虎的作业要让其重做。

（4）对学生作业中的典型错误应做好记录，及时讲评，对作业优秀的学生应给予表扬和鼓励。

（四）辅导

（1）辅导要因人而异，有明确的目的。教师对待学生要有耐心并尊重学生，要注意将课内即时辅导与课外个别辅导相结合。

（2）对于学习态度不端正或成绩极差的学生，要分析原因，加强教育和引导，争取学生家长的支持和协助。

（3）要关爱学生，爱护学生，善于发现学生的闪光点。辅导中要严禁体罚和变相体罚学生。

二、听评课

（一）听课要求

（1）以学习者的身份听课。思考教学中问题出现的原因，进行反思对照。

（2）观察上课教师的教学智慧。

（3）关注学生的学习活动。认真观察学生的参与广度、深度及其有序性和实效性。

（4）体味教学风格。

（5）观察学习效果。注重观察大多数学生是否掌握了符合学科特点的基础知识与技能，在过程与方法、情感态度与价值观方面是否获得了发展。

（二）评课要求

（1）对教学目标的评议。包括对态度与价值观、知识与技能、过程能力与方法的评议。

（2）对教学重点、难点的评议。包括重点、难点确定是否准确，突出重点的情况以及突破难点是否得当，是否通过各道环节达到预定目标。

（3）对课堂教学教法的评议。包括教法是否得当，课堂结构是否合理，教学环节是否完整，时间安排是否适度等。

（4）对教学态度与教学能力的评价。考察教师的思想品德修养，包括教学指导思想是否面向全体学生，是否全面贯彻教育方针，是否全面提高教学质量，是否指导学生掌握学习方法，是否培养学生养成良好的学习习惯等。

（5）对教学效果的评议。包括学生学习态度、情绪，不同程度学生的实际收获，目标落实情况等。

（三）听评课形式

1．单独听评课

采取推门听课制，学校领导、教务处管理人员、专业系管理人员、教研组长都可以随时到教室听课。

2．集体听评课

（1）各专业系、教研组都应在每学期第二周制订好听课计划和安排。

（2）集体听课后，专业系主任、教研组长应及时组织听课人员进行评课活动，做好评课记录。

3．跟班听评课

对实习教师和新教师，学校安排指导教师。

三、月考管理

（一）月考日期

每学期开学到期中考试、期中考试到期末考试中间的适当时间。

（二）考试科目及时间

高考及直升类：语文、数学、英语三科合卷，考试时间150分钟，技能考试按高考安排执行。

3+4及五年制专科：按人才培养方案中规定的学科考试。

中专：文化课及专业课核心课程90分钟/场。

（三）命题要求

公共基础课由教务处及教研组统一命题，专业课由各专业系命题；题型合理，题量适中，难易适度，内容精准；试卷格式规范，统一用重庆工商学校A4试卷模板；专业课试卷需由各专业系审核，文化课试卷需由教研组长审阅无误后印制。

（四）监考要求

（1）监考教师为课表安排的任课教师。三年级高考班、3+4和五年制班在教师允许的情况下安排2人，一前一后监考。

（2）监考教师务必按照考试安排时间，提前5分钟领取试卷，准时到达考试地点，宣读考场规则。

（3）监考教师严格履职，听从考试铃声信号，认真监考，严肃考场纪律，不做与监考无关的事情，严禁考试作弊现象的发生等。

（4）监考教师收卷时，清点准确，叠放整齐，按照考号顺序密封装订。

（五）阅卷要求

（1）文化课由各教研组制定阅卷标准后组织阅卷。

（2）专业课由各专业系自行组织阅卷。

（3）高考班交叉集中阅卷，单科成绩必须在第二天出来并交与班主任。

（六）质量分析

第一条线：学生—班级—专业系—学校。班内分析，找出班内一些学生的进退情况，以利于班主任进行个别学生的思想工作，调动学生的积极性。

第二条线：学生—任课教师—教研组—学校。任课教师掌握所任班级学生的学习情况，调整教学方案，提高课堂教学效率。

四、教师课堂教学质量考核

（一）考核项目与内容

（1）学校每月考核。

（2）督导考核：从教学态度、教学过程和教学效果三个方面进行评估。

（3）校领导及教务处考核：治学严谨，遵守纪律，认真备课和批改作业。参与教改教研。

（4）教科处考核：常规教研活动开展积极，课题、课赛、论文评比成绩突出，主动积极参加各级各类公开课、示范课。

（5）专业系考核：师德高尚，教书育人，遵章守纪，服从安排，完成任务。

（6）同行评价：师德高尚，教书育人；遵守劳动纪律；精通教材，精心设计教学方案；因材施教，严格要求学生。

（7）学生评价：为人师表，教书育人，严格要求学生，有责任心，有爱心，善于与学生沟通；知识渊博，实践经验丰富，教法得当，寓教于乐，课堂生动有效。

（二）考核程序及分值计算

1．总分占比计算

总分为 100 分，其中学校月考核占 15%，督导考核占 20%，校领导及教务处考核占 15%，教科处考核占 10%，专业系考核占 20%，同行评价占 10%，学生评价占 10%。

2．各项分值计算

（1）月考核（15 分）：将纳入综合考核月份的分值相加，占综合考核分值的 15%。

（2）督导室考核（20 分）：由督导评估室 3 人随机抽样深入课堂听课，用既定标准评估每位教师的课堂教学质量情况，取所有听课人员评分的平均值。专门负责技能大赛辅导的教师，获得国家大赛一、二、三等奖的，其教学质量督导室评分按本系的第 1 名、第 4 名、第 6 名分值计算；获得重庆市大赛一、二、三等奖的，按本系第 2 名、第 8 名、第 15 名分值计算。

（3）校领导及教务处考核（15 分）：课堂秩序良好，无教学常规检查扣分，获 15 分；若被值班校长、教务处督查有不良课堂情况记录，一次扣 0.5 分。教务处每天检查反馈专业系及教师、每周公布、每月小结、每学期期末进行合计评定。

（4）教科处考核（10 分）。

①常规考核（5 分）：积极参加专业系、教研组或学校的教研活动，无不良记录，得 5 分；无故不参加教研活动，一次扣 1 分；参加教研会迟到、早退，一次扣 0.5 分；以此类推。

②课题研究、参加竞赛、论文获奖等方面考核（5 分）：按校级、区级、省级、国家级课题分别记 0.1 分、0.3 分、0.5 分，0.8 分，结题当年加倍计算。如果一位教师同时参加两级或三级课题研究，就高计算，多项课题不叠加计算。

积极参加各级各类比赛并获奖，总分为 3.5 分。

积极参加各级各类公开课、示范课，每学期有一次及以上的计 0.5 分。

（5）专业系考核（20 分）：每学期期末，各系根据平时常规检查情况，由考核小组中的系管理人员及本系教师代表（5～7 人）评定教师常规得分。

（6）同行评价（10 分）：由专业系组织，学校统一评价标准和时间，每学期期末进行评定。

（7）学生评价（10 分）：由专业系组织，学校统一评价标准和时间，每学期期末进行评定。

五、聘用教师考核

（一）聘用教师考核内容

（1）师德师风考核（10%）。由专业系、教研组、学校考核小组根据教师任教情况按《江津区中小学教师师德师风考核办法（试行）》文件精神进行考核。

（2）教学质量考核（50%）。由专业系根据重庆工商学校教学质量评估考核方案对聘用教师本学年的教学质量进行考评。

（3）教学业绩考核（20%）。教学业绩得分根据《重庆工商学校聘用教师（含职员）职称评审方案》文件要求，由教师本人填报申报考核时段的业绩情况，核算出教师业绩得分。

（4）专业知识（技能）考核（20%）。由学校统一组织，集中考核。考试考核组织实施办法另行制定。

（二）聘用教师得分计算

（1）教师考核分值为 100 分。教师总得分为=师德师风考核×10%+教学质量考核×50%+教学业绩考核×20%+专业知识（技能）考核×20%。

（2）教师的实得分由“教师考核×80%+学校考评×20%”构成，学校考评由学校考评组根据教师综合情况按 100 分制考核，占比实得分的 20%。

（3）教师总分=2020 年教师超工作量得分×80%+教师考核得分×20%。

（4）教师因参加业务培训进修、社会实践、挂职锻炼、带学生到企业实习、病产假等达一个月以上或因学校安排从事其他工作而无法按以上方式考核者，由学校考评组以定性评价方式进行考核。

（三）考核结果

有以下情形者为考核不合格，对不合格聘用教师予以调整岗位或辞退。

（1）聘用教师考核积分低于 60 分者。

（2）体罚或变相体罚、侮辱、歧视、谩骂学生，造成学生身心痛苦与不良影响者。

（3）教学过程中发生教学事故，造成较大后果与不良影响的。

（4）迟到早退现象严重或旷课累计达到 3 课时以上者。

（5）未完成学期教学工作任务或教学进度者。

（6）因违反国家法律、法规被公安机关依法立案调查者。

综上所述，根据人才培养方案的管理，保证教育教学质量和人才培养质量。

第十节　学生（学徒）出师标准

按照重庆工商学校制冷和空调设备运行与维护专业人才培养方案关于毕业条件的规定，制定学生（学徒）出师标准。

一、毕业学分

三年总计 217 学分，毕业成绩不低于 180 学分。

二、学业要求

完成所有课程模块学习，并通过考核。

三、岗位要求

学生（学徒）掌握岗位基本技能，经企业师傅考核合格。

四、证书要求

（1）制冷设备维修工中级证（必考）。

（2）维修电工操作证（选考）。

（3）制冷上岗证（选考）。

（4）焊工证（选考）。

（5）电工证（选考）。

第八章

重庆工商学校制冷和空调设备运行与维护专业现代学徒制人才培养方案

一、专业名称（专业代码）

制冷和空调设备运行与维护（660205）。

二、入学要求

初中毕业生或具有同等学力者。

三、修业年限

3 年。

四、职业面向和接续专业

（一）职业面向

根据企业岗位用人需求确定毕业生的职业领域和主要就业岗位（群），具体如表 8-1 所示。

表 8-1 职业领域及主要就业岗位（群）

<table>
<tr><th rowspan="2">序号</th><th rowspan="2">职业领域</th><th colspan="2">就业岗位</th><th rowspan="2">职业资格证书</th><th rowspan="2">相关职业资格证书</th></tr>
<tr><th>首岗</th><th>升迁岗位</th></tr>
<tr><td>1</td><td>空调制造</td><td>产品组装
钎焊
喷涂
品质检验</td><td rowspan="2">技能岗位
管理岗位</td><td rowspan="2">制冷工
电工</td><td rowspan="2">计算机等级证书</td></tr>
<tr><td>2</td><td>设备保全</td><td>设备维修</td></tr>
</table>

（二）接续专业

高职专科：制冷与冷藏技术、供热通风与空调工程技术。

本科：建筑环境与设备工程。

五、培养目标与培养规格

（一）培养目标

本专业坚持立德树人，主要面向空调产品生产等行业企业，培养从事空调整机生产、管道焊接、涂装、设备保全、管理等一线工作，掌握必需的文化知识、科学知识、制冷和空调设备运行与维护的专业知识，具备职业生涯发展基础和终身学习能力的德、智、体、美全面发展的高素质劳动者和技术技能型人才。

（二）培养规格

1.职业素养

（1）具有良好的职业道德、敬业和吃苦耐劳的精神，诚实守信，对企业忠诚。

（2）具有良好的执行能力、科学态度、工作作风、表达能力和适应能力。

（3）具有良好的人际交往能力、团队合作精神和优质服务意识。

（4）具有安全、环保、节能意识和规范操作意识。

（5）具有获取信息、学习新知识的能力、职业竞争和创新意识。

（6）具有良好的心理素质和健康的体魄。

（7）掌握电气设备的性能、结构、调试和使用的基本知识。

2.专业知识与技能

（1）能熟练操作计算机，具备常用办公软件和工具软件的应用能力。

（2）掌握电工基础知识，具有电工操作技能；掌握电子基础知识，认识常见的模拟电路与数字电路。

（3）掌握常用电子、电气元器件的基本知识，能识别和检测常用电子、电气元器件。

（4）能熟练使用常用电工电子工具、仪器和仪表。

（5）掌握常用传感器的基本结构和工作原理，理解常用的传感器特性指标。

（6）掌握小型可编程控制器的基本指令、功能指令，能熟练应用可编程控制器的指令与基本程序，编制、调试一般应用程序。

3.岗位知识与技能

（1）掌握空调器制造的生产技术。

（2）具有识读空调产品的技术资料的能力和品质保证意识。

（3）具有熟练进行产品检验和质量管理的能力。

（4）具有空调器产品制造工艺改进技术的能力。

（5）掌握文献检索、资料查询的基本方法，具有一定的科学研究能力。

4.专业拓展知识与技能

（1）掌握常用制冷维修工具、元器件及材料的使用方法。

（2）具有使用制冷专用工具进行制冷设备日常维护的能力。

（3）具备制冷与空调设备基础知识，能装配、调试和检验单连机和多连机空调。

（4）掌握制冷与空调设备维修、调试技术。

六、课程设置与要求

本专业由校企联合招生，以学生（学徒）双重身份培养为核心，以“工学结合、五岗”培养为形式，以“三师”联合传授为支撑，校企双方各司其职、各负其责、各专所长、分工合作，实现校企协同育人的现代学徒制人才培养模式。

校企协同互动模式：学生（学徒）在校期间，企业 1 个月安排 2 名师傅到校从事 1 周的教育教学活动。从第 4 学期开始，学生在校学习 2.5 个月，再到企业学习 2 个月，交替进行。

本专业课程设置分为公共基础课和专业技能课。公共基础课包括必修课和选修课。专业技能课包括专业核心课、岗位能力课和专业拓展课。实习实训是专业技能课教学的重要内容，有校内外实训、识岗，企业试岗、轮岗、定岗、顶岗实习等多种形式。

（一）课程结构

课程结构如图 8-1 所示。

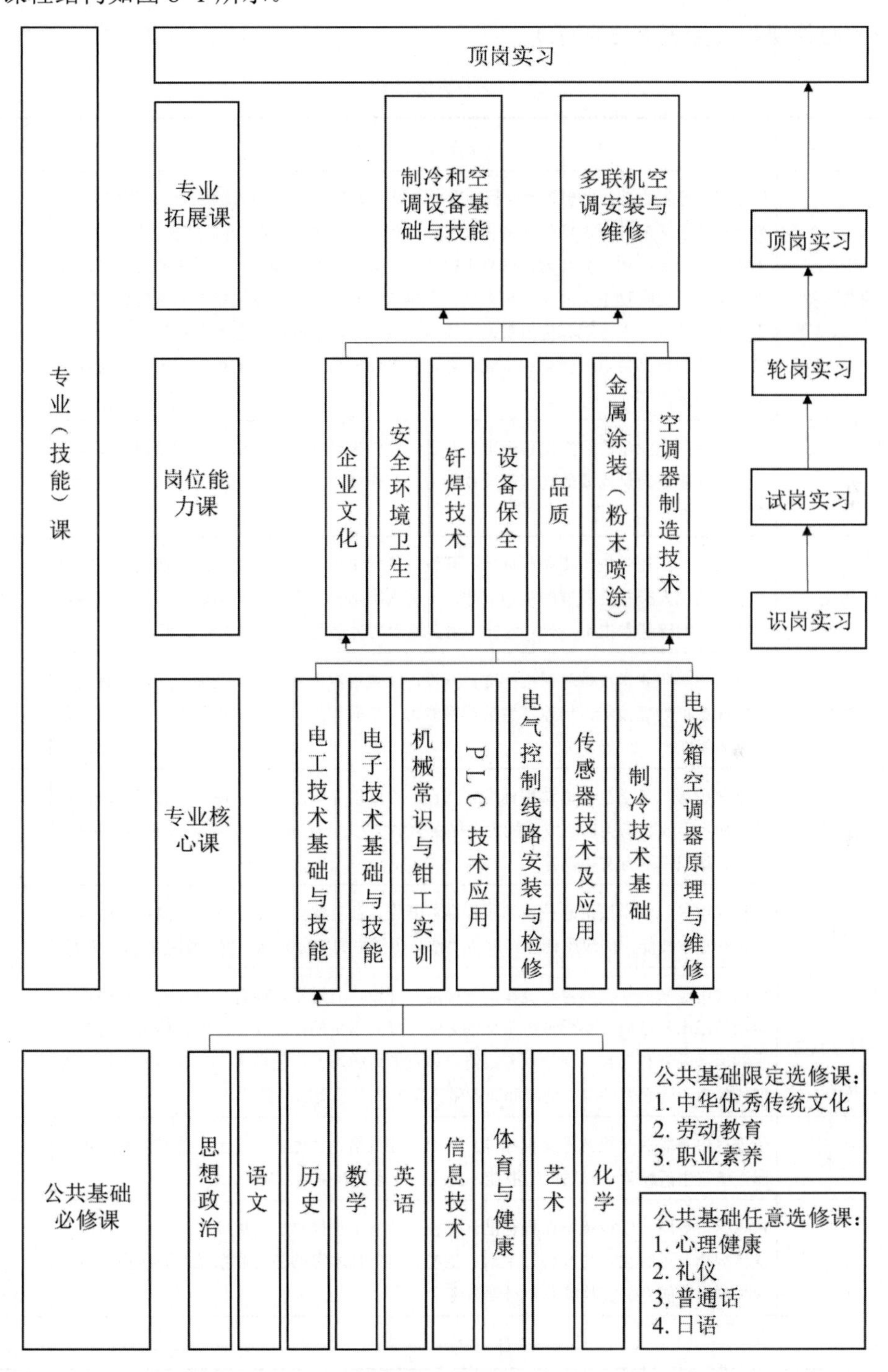

图 8-1　课程结构

（二）课程设置与要求

1. 公共基础课程

（1）必修课程（如表8-2所示）。

表8-2 必修课程

序号	课程名称	主要教学内容和要求	参考学时
1	思想政治	依据《中等职业学校思想政治课程标准》开设，培养学生的职业道德素质和法律素质，树立社会主义荣辱观，增强社会主义法治意识；使学生认同我国的经济、政治制度，了解所处的文化和社会环境，树立中国特色社会主义共同理想；使学生能运用辩证唯物主义和历史唯物主义的观点和方法，正确认识和处理人生发展中的基本问题，形成正确的世界观、人生观和价值观；培养学生树立正确的职业观念和职业理想，能根据社会需要和自身特点进行职业生涯规划，并以此规范调整自己的行为，为顺利就业、创业创造条件	110
2	语文	依据《中等职业学校语文课程标准》开设，使学生掌握必需的语文基础知识，掌握日常生活和职业岗位需要的现代文阅读能力、写作能力、口语交际能力，掌握基本的语文学习方法	141
3	历史	依据《中等职业学校历史课程标准》开设，使学生正确认识历史上的阶级关系和阶级斗争，认识人类社会发展的基本规律，了解人类历史上重要的政治制度、政治事件及其代表人物等基本史实，树立为社会主义政治文明建设而奋斗的人生理想	62
4	数学	依据《中等职业学校数学课程标准》开设，注重培养学生的计算技能、计算工具使用技能和数据处理技能，培养学生的观察能力、空间想象能力、分析与解决问题能力和数学思维能力	141
5	英语	依据《中等职业学校英语课程标准》开设，注重培养学生的听、说、读、写等语言技能，初步形成职场英语的应用能力，提高学生学习的自信心，帮助学生掌握学习策略，了解、认识中西方文化差异	110
6	信息技术	依据《中等职业学校信息技术课程标准》开设，注重培养学生必备的计算机应用基础知识和基本技能，能应用计算机解决工作与生活中的实际问题，提升学生的信息素养	62
7	体育与健康	依据《中等职业学校体育与健康课程标准》开设，通过学习体育与健康的基本知识、运动技战术与技能、科学锻炼身体的方法，提高学生的体能和体育实践能力，培养学生的运动爱好和专长，使学生养成终身体育锻炼的习惯，使学生具有健康的人格、强健的体魄，为学生的身心健康和职业生涯发展奠定坚实的基础	134
8	艺术	依据《中等职业学校艺术课程标准》开设，注重培养学生良好的艺术鉴赏力和道德情感，丰富生活经验，开发创造潜能，提高综合素质和生活品质	31
9	化学	依据《中等职业学校化学课程标准》开设，使学生掌握物质的组成、结构、性质以及变化规律，了解化学与社会、生活、生产、科学技术等的密切联系及重要应用，培养学生的观察能力、实验能力和科学态度	62
合计			853

（2）限定选修课程（如表 8-3 所示）。

表 8-3　限定选修课程

序号	课程名称	主要教学内容和要求	参考学时
1	中华优秀传统文化	使学生理解并传承中华优秀传统文化的基本精神，了解中国传统哲学、文学等文化精髓和相关理论基础知识，掌握中国传统文化的精华所在，扩大文化视野，丰富学生的精神世界，引导学生形成健康积极的人生观、价值观，提升文化品位和审美情操	12
2	劳动教育	组织学生参加日常生活劳动、生产劳动和服务劳动，让学生动手实践、出力流汗，接受锻炼、磨炼意志，形成良好的劳动习惯，培养学生正确的劳动价值观和良好的劳动品质	24
3	职业素养	立足服务区域经济发展，进行公民道德、心理品质、法制意义等教育，帮助学生初步形成观察社会、分析问题、选择人生道路的科学人生观	24
合计			60

（3）任意选修课程（如表 8-4 所示）。

表 8-4　任意选修课程

<table>
<tr><th>序号</th><th>课程名称</th><th>主要教学内容和要求</th><th>参考学时</th></tr>
<tr><td>1</td><td>心理健康</td><td>依据《中等职业学校心理健康课程标准》开设，注重培养学生的职业兴趣，提高应对挫折、求职就业、适应社会的能力</td><td rowspan="2">24</td></tr>
<tr><td>2</td><td>礼仪</td><td>了解社交礼仪活动的程序；掌握社交礼仪的基本理论，具备社交礼仪的理念，并认识社交礼仪活动的规律；掌握一般社交礼仪行为的规范，具备社交礼仪的基本技能，培养学生良好的行为习惯，加强自身修养</td></tr>
<tr><td>3</td><td>普通话</td><td>使学生掌握普通话的基本知识、普通话的标准语音，掌握普通话练习与提高的方法，养成正确的发音习惯，提高普通话口语表达水平</td><td rowspan="2">24</td></tr>
<tr><td>4</td><td>日语</td><td>使学生进行一定的日语听、说、读、写的训练，能听懂日常较简单、语速较慢的日语对话，能用日语进行一般的课堂交际和日常的语言文字交流</td></tr>
<tr><td colspan="3">合计</td><td>48</td></tr>
</table>

2. 专业技能课程

（1）专业核心课程（如表 8-5 所示）。

表 8-5　专业核心课程

序号	课程名称	主要教学内容和要求	参考学时
1	电工技术基础与技能	依据《中等职业学校电工技术基础与技能教学大纲》开设，与专业实际和行业发展密切结合。使学生能使用常用的电工工具与仪器仪表；能识别与检测常用电工元件；能处理电工技术实验与实训中的简单故障；掌握电工技能实训的安全操作规范	128
2	电子技术基础与技能	依据《中等职业学校电子技术基础与技能教学大纲》开设，与专业实际和行业发展密切结合。注重让学生掌握安全操作规范；会使用常用电子仪器仪表；了解电子技术基本单元电路的组成、工作原理及典型应用；能识读和分析常见电子电路图、简单印制电路板图；能制作和调试常用电子电路及排除简单的故障	123
3	机械常识与钳工实训	依据《中等职业学校机械常识与钳工实训教学大纲》开设，注重培养学生识读简单机械零件图的能力；掌握钳工常用工、量、刃具的选择方法，并能正确使用；能按图完成简单零件的钳工制作；了解常用机械传动的一般常识，会拆装简单的机械部件	32
4	PLC 技术应用	熟知常用小型可编程控制器的型号、结构、编程元件等，会连接相应的外围电路，掌握小型可编程控制器的基本指令、功能指令，能熟练应用可编程控制器的指令与基本程序，编制、调试一般应用程序，能安装、维护简单的可编程控制器控制装置	96
5	电气控制线路安装与检修	熟悉常用低压电器的功能、结构及原理、选用和拆装维修方法，熟记低压电器的图形符号和文字符号，会分析点动、连续运行、正反转、顺序控制、降压起动、制动、多速等电动机基本控制线路的原理，能识读电气布置图和接线图，并了解绘制原则，并会安装、调试与维修上述电动机基本控制线路，会设计组建简单继电器控制系统	60
6	传感器技术及应用	了解自动检测系统与传感器基础知识；了解传感器的种类和分类方法；掌握常用传感器基本结构和工作原理；理解常用传感器特性指标，了解常用传感器应用范围、场合以及使用条件，掌握常用传感器的选用原则和方法；掌握传感器输出信号的二次转换；熟悉常用传感器典型实用电路分析与计算；能安装、调试和维护传感器	24
7	制冷技术基础	掌握工程热力学、传热学、流体力学的基础知识，掌握人工制冷方法及蒸汽压缩制冷原理，了解吸收式制冷原理，掌握制冷工质的种类、特点及热力性质，掌握冷冻油的种类及性能特点	96
8	电冰箱空调器原理与维修	掌握制冷管道加工和焊接方法，掌握制冷工具、设备和仪表的使用方法，掌握电冰箱的结构、工作原理及维修知识，掌握电冰箱空调器的结构、工作原理及安装、维修知识，能加工、焊接制冷管道，能安装维修电冰箱和空调器	48
合计			607

（2）岗位能力课程（如表 8-6 所示）。

表 8-6　岗位能力课程

序号	课程名称	主要教学内容和要求	参考学时
1	企业文化	依据现代学徒培养方案开设本课程，注重培养学生的基本职业素质，知晓大金公司经营宗旨和公司发展历程，熟知大金公司纲领，理解大金公司以人为轴心的经营理念及与之相适应的公司独有的企业文化	16
2	安全环境卫生	安全课程主要使学生理解安全的重要性和意义，掌握职业健康安全行为要求，通过本课程的学习增强全体员工的安全防范意识，在实际的生产过程中确保安全。同时理解公司 6S、劳防用品以及 KYT 的意义，灌输强烈的零灾害思想，以维持零灾害作业，并提高自我保护和救助的能力 环境卫生课程主要使学生了解目前环境及资源的现状，掌握公司垃圾分类和投放行为对社会的意义，如何在工作和生活中节约能源，知晓公司在废水排放上的基本要求，避免日常工作中发生污染水、土壤和空气资源，提高学生美化环境和保护环境的环保意识	30
3	金属涂装（粉末喷涂）	本课程主要使学生了解涂装基本知识；了解常用涂装的定义、涂装的应用领域；理解常用涂装设备的组成和工作原理；掌握空调涂装产品的检测标准；能检测良品和不良品，对不良品进行分析；能操作涂装设备；能对涂装设备进行维护	36
4	品质	本课程是一门通识辅助课程，使学生养成良好的品质意识，能正确识读机械构造图纸，能正确使用测量工具和操作检查设备，能判断部品和组立过程中的不良问题点，运用质量分析工具加以分析、排除	72
5	钎焊技术	本课程以大金空调生产岗位要求为基础，努力改善制冷行业对钎焊技术的基本要求，规范行业标准，统一操作方法，努力培养具有钎焊技术的人才	120
6	设备保全	本课程以大金空调生产设备的保全相关的技能要求为基础，使学生结合设备共性的控制方式及应用，了解设备控制的原理，掌握设备保全的必备技能，能够根据设备状态、要求，运用掌握的知识技能，进行设备的故障修复及维护保养，努力培养具有动手改善能力、异常分析能力，遵守安全操作规范的技能人才	72
7	空调器制造技术	本课程以大金空调生产岗位基础技能为起点，让学生了解基础技能的重要性，培养学生的基础技能和品质意识	48
合计			394

（3）专业拓展课程（如表 8-7 所示）。

表 8-7　专业拓展课程

序号	课程名称	主要教学内容和要求	参考学时
1	制冷和空调设备基础与技能	掌握制冷和空调用压缩机的分类、结构、性能和工作原理，掌握常用换热设备的种类、结构、性能和工作原理，掌握空调辅助设备的结构、性能和工作原理，能进行活塞式压缩机的拆装和性能测试，会安装各类制冷和空调换热设备及辅助设备	48
2	多联机中央空调安装与维修	掌握多联机空调的结构、类型、特点及选用方法，掌握多联机空调的安装、维修知识，能诊断和维修多联机空调常见故障，会进行多联机空调系统安装施工	48
合计			96

（4）岗位实践学习（如表 8-8 所示）。

表 8-8　岗位实践学习

序号	名称	主要教学内容和要求	参考学时
1	识岗实习	了解 4 个技术岗位和 12 个普通岗位的具体工作任务	30
2	试岗实习	在企业师傅的传授下，掌握钎焊、涂装、保全、品质、一般技能岗位等 5 个岗位的基本操作技能，使学生基本能够离开企业师傅独立操作	120
3	轮岗实习	在企业师傅的传授下，熟练掌握钎焊、涂装、保全、品质、一般技能岗位等 5 个岗位的基本操作技能，使学生能够离开企业师傅独立操作	360
4	定岗实习	在企业师傅的指导和熏陶下，传承精益求精的工匠精神，掌握 1 个岗位的核心技术，同时树立工匠精神	240
5	顶岗实习	在企业师傅的带领下进行产品的技术开发，研究新方法、新工艺，实现节能减排，提高生产效率	540
合计			1290

七、教学进程的总体安排

（一）基本学时分配

基本学时分配：总学时 3348 学时；公共基础课 961 学时；专业核心课程 607 学时，岗位能力课程 394 学时，专业拓展课程 96 学时，岗位实践学习 1290 学时（如表 8-9 所示）。

表 8-9　基本学时分配

课程类别		课程名称	学分	总学时	学期					
					1	2	3	4	5	6
公共基础课程	必修课程	思想政治	8	110	2	2	2	2		
		语文	9	141	3	3	2	2		
		历史	4	62	2	2				
		数学	9	141	3	3	2	2		
		英语	7	110	2	2	2	2		
		信息技术	4	62	2	2				
		体育与健康	8	134	2	2	2	2	2	
		艺术	2	31	1	1				
		物理	4	62	2	2				
	限定选修课程	中华优秀传统文化	1	12				1		
		劳动教育	2	24					2	
		职业素养	2	24					2	
	任意选修课程	心理健康	2	24					2	
		礼仪								
		普通话	2	24				2		
		日语								
	小计		64	961	19	19	10	13	8	

续表

课程类别		课程名称	学分	总学时	学期					
					1	2	3	4	5	6
专业技能课程	专业核心课程	电工技术基础与技能	8	128	8					
		电子技术基础与技能	8	123		5	4			
		机械常识与钳工实训	2	32	2					
		PLC 技术应用	6	96			4	4		
		电气控制线路安装与检修	4	60		4				
		传感器技术及应用	2	24			2			
		制冷技术基础	6	96			4			
		电冰箱空调器原理与维修	3	48					4	
		小计	39	607	10	9	14	4	4	0
	岗位能力课程	企业文化	1	16	1					
		安全环境卫生	2	30		2				
		金属涂装（粉末喷涂）	2	36			3			
		品质	5	72				3	3	
		钎焊技术	8	120			3	3	4	
		设备保全	5	72				3	3	
		空调器制造技术	3	48					4	
		小计	26	394	1	2	6	9	14	0
	专业拓展课程	制冷和空调设备基础与技能	3	48				4		
		多联机中央空调安装与维修	3	48					4	
		小计	6	96	0	0	0	4	4	0
	岗位实践学习	识岗实习	2	30		√				
		试岗实习	8	120			√			
		轮岗实习	23	360			√	√		
		定岗实习	15	240				√	√	
		顶岗实习	34	540						√
		小计	82	1290	0	0	0	0	0	0
总计			217	3348	30	30	30	30	30	0

（二）教学安排

（1）在表 8-9 中，“√”表示相应课程开设的学期，其中识岗实习是第 2 学期的第 17 周，试岗实习是第 3 学期的 9 月和 10 月，轮岗实习是第 3 学期的 11 月、第 4 学期的 4 月和 5 月，定岗实习是第 4 学期的 6 月、第 5 学期的 12 月；顶岗实习是第 6 学期。

（2）表 8-9 不含军训、社会实践、入学教育、毕业教育及选修课的教学安排。

八、实施保障

（一）师资队伍

按照《中等职业学校教师专业标准》和《中等职业学校设置标准》进行教师队伍建设，合理配置教师资源。

（1）专任教师应具有良好的师德和终身学习能力，具有本专业大学本科以上学历（含本科）或具有本专业中级以上技术资格证书。

（2）专业带头人应具有较高的业务能力，并在区域内具有一定的影响力；具有高级职称和高级职业资格，熟悉产业发展和行业对技能型人才的需求，在专业改革和发展中起引领作用。

（3）师资队伍中的“双师型”教师达到90%，能满足现代学徒教学和校企合作的需要。

（4）专业教师与学生比例为1∶18，能满足教学要求。

（5）企业具有符合师傅标准的专兼职导师12人，其中专职培训师6人负责到校任教和识岗、试岗、轮岗阶段的学习，每人负责5名学生（学徒）的一般技能传授和职业素养的培养。兼职师傅6名，每人负责5名学生（学徒）的岗位核心技能传授和工匠精神熏陶。

（二）教学设施

本专业应配备校内实训室和校外实训基地。

1．校内实训室

根据本专业人才培养目标的要求及课程设置的需要，以每班30名学生为基准，校内实训室配置如表8-10所示。

表8-10　校内实训室配置

序号	实训室名称	主要工具和设施设备	
		名称	数量（台、套）
1	钳工技能实训室	台钻	5
		台虎钳	30
		钳工台	30
		划线平台、V形铁、高度尺	5
		砂轮机	1
		常用工具	30
		常用量具	15

续表

序号	实训室名称	主要工具和设施设备	
		名称	数量（台、套）
2	电工技能实训室	电工技术实训装置	15
		电工实习板	15
		线槽、线管	若干
		常用电工工具	30
		测量仪表	30
		各种照明电器	若干
		各种低压电器	若干
3	电子技能实训室	电子技术实训装置	15
		示波器	15
		信号发生器	15
		万用表	30
		毫伏表	15
		直流稳压电源	15
		常用电工工具	30
4	PLC 实训室	PLC 综合智能实训装置	15
		PLC 气动装置	10
		步进电机控制实训装置	15
5	传感技术实训室	模块化传感器实训平台或实验箱	15
		数字万用表	15
		传感器电子产品套件	30
6	制冷和空调实训室	冰箱综合实训台	15
		空调综合实训台	15
		风冷式换热设备	15
		水冷式换热设备	15
		活塞式压缩机	15
		组合工具	15
7	模拟生产实训室	一般技能区	1
		钎焊区	1
		金属涂装区	1
		品质检区	1
		设备保全区	1

2．校外实训基地

企业提供真实的生产环境，提供钎焊、喷涂、设备保全、品质检验等技术岗位。普通技术岗位 12 个，能充分满足 30 名学生（学徒）岗位学习的要求。

（三）教学资源

（1）教材选用：优先选用国家规划教材、与企业合作开发的教材。

（2）图书资料配备：本专业教材配套的相关材料。

（3）数字资源库：重庆市中职电类专业教学资源库、与企业合作开发的数字资源。

（四）教学方法

教学组织主要有两种形式：一是在学校学习期间采用班级授课的形式，每门公共基础课由一位教师完成教学任务。每门专业课由两位教师完成教学任务。二是在企业岗位学习期间采用班级授课加师傅带徒弟的形式完成教学任务，企业师傅可采用线上教学的方法，进行线上线下混合式教学。

1．公共基础课程

公共基础课程教学要符合教育部有关教育教学的基本要求，按照培养学生（学徒）基本科学文化素养、服务学生（学徒）专业学习和终身发展的功能来定位，重在教学方法、教学组织形式的改革，教学手段、教学模式的创新，调动学生（学徒）学习积极性，为学生（学徒）综合素质的提高、职业能力的形成和可持续发展奠定基础。

2．专业技能课程

专业技能课程（含专业核心课程、岗位能力课程和专业拓展课程）教学，按照相应职业岗位（群）的能力要求，强调理论—实践—多媒体一体化教学，突出“做中学、做中教”的职教特色，实训课时与理论课时不低于1∶1。专业技能课程教学采用“8331”的教学模式，即八环节、三步骤、三对接、一个中心。

3．岗位实践教学

岗位实践教学必须采用“五真”教学，即真实的生产线、真实的生产环境、真实的产品生产、真实的工作岗位和真实的师傅带徒弟。学生（学徒）必须经历识岗、试岗、轮岗、定岗和顶岗五个阶段，师傅要在真实的岗位上进行示范，使学生（学徒）从看着做到试着做再到独立做，完成岗位实践教学。

（五）学习评价

为了能客观、公开、公正和公平地进行教学质量评价，根据本专业培养目标和人才理念，要做好以下几个方面的工作：一是采用学校评价与企业评价相结合、过程评价与结果评价相结合的形式；二是坚持教师评价、学生（学徒）相互评价和自我评价相结合；三是要注重考察学生的学习态度、合作能力、规范操作、安全文明生产等职业素质，以及节约能源、节省原材料与爱护生产设备，保护环境等意识与观念；四是考核评价内容除了要涵盖知识点的掌握、技能的熟练程度外，还要注重考核知识与技能在实践中的运用和解决实际问题的能力；五是专业课程尽量减少结果性评价，应以实操考核、项目考核和过程考核为主，坚持学习过程性评价与终结性评价相结合的原则。

1．学校评价

（1）学生（学徒）学业评价采取过程评价与目标考核相结合的形式，评价中注重过程性、激励性和发展性。

（2）素质评价的主体主要由班主任、学生处、保卫科、团委组成，对学生（学徒）的纪律、文明素养、参加社团活动、健康状况等进行综合评价。

2．行业评价

行业评价以技能等级鉴定为主线，将这条主线贯穿于专业理论和技能教学的全过程，鉴定标准为国家标准或行业标准。

3．企业评价

（1）企业导师到校上课，对学生（学徒）知识和技能的掌握情况进行评价。

（2）企业导师对学生（学徒）到企业学习情况进行评价。

（3）企业师傅对学生（学徒）到企业实岗实践情况进行评价。

（六）质量管理

1．对学生（学徒）实行三级管理

学校实行校长—教务处—专业系三级管理，企业实行总经理—人力资源部—人事管理科三级管理。

校长和总经理对学校现代学徒制班实行全面负责，认真贯彻党和国家教育方针，依法治教，制定现代学徒制试点工作目标。坚持以教学为中心，以学生（学徒）就业为导向，努力提高教育质量和办学效益。主管教学副校长和副总经理分别主持学生（学徒）在学校和企业的日常教学工作，领导所分管的中层业务管理部门，审批有关部门的工作计划和总结，协调分管部门间的关系。教务处和人力资源部是负责组织学生（学徒）在学校和企业的教学工作的行政职能部门。在主管教学副校长和副总经理的领导下，负责“职业教育现代学徒制”班教学工作的组织管理。

专业系和人事管理科是学校、企业设立的实施现代学徒制试点工作的教学部门，在主管部门教务处和人力资源部的领导下，负责组建“现代学徒制”班级，确定“现代学徒制”班的任课教师、企业师傅，具体负责“现代学徒制”班的教学计划、教学过程、考核、常规检查等教学工作的实施。

2. 对学生（学徒）实行学分制管理

对学徒制各个学习环节进行量化，其中公共基础课程量化为 64 学分，专业核心课程量化为 39 学分，岗位能力课程量化为 26 学分，专业拓展课程量化为 6 学分，岗位实践学习量化为 82 学分，三年总计 217 学分，三年总学分不低于 180 学分。

3. 学生（学徒）管理校企分工办法

按照学生（学徒）识岗、试岗、轮岗、定岗、顶岗五阶段育人路径，根据学生（学徒）学习地点的不同，由学校或企业进行管理，学生（学徒）在学校学习期间按学校的相关制度进行管理，学生（学徒）在企业学习、顶岗实习期间按企业员工管理办法进行管理。由 1 名企业师傅负责 3～5 名学生（学徒）的日常管理工作，同时学校教师辅助企业师傅管理学生（学徒）（一位教师负责一个学徒制班）。

九、毕业要求

三年总计 217 学分，三年总学分不低于 180 学分。

（一）学业要求

完成所有课程模块的学习，并通过考核。

（二）岗位要求

学生（学徒）掌握岗位基本技能，经企业师傅考核合格。

（三）证书要求

（1）制冷工（必考）。
（2）电工（选考）。
（3）焊工证（选考）。

十、其他

本人才培养方案是在教育部开展现代学徒制试点工作的背景下，根据教育部专业教学标准、重庆市加工制造类专业人才培养指导方案与企业对人才的需求编制而成的。

附录

附录一　教育部关于开展现代学徒制试点工作的意见

各省、自治区、直辖市教育厅（教委），各计划单列市教育局，新疆生产建设兵团教育局，有关单位：

为贯彻党的十八届三中全会和全国职业教育工作会议精神，深化产教融合、校企合作，进一步完善校企合作育人机制，创新技术技能人才培养模式，根据《国务院关于加快发展现代职业教育的决定》（国发〔2014〕19号）要求，现就开展现代学徒制试点工作提出如下意见。

一、充分认识试点工作的重要意义

现代学徒制有利于促进行业、企业参与职业教育人才培养全过程，实现专业设置与产业需求对接，课程内容与职业标准对接，教学过程与生产过程对接，毕业证书与职业资格证书对接，职业教育与终身学习对接，提高人才培养质量和针对性。建立现代学徒制是职业教育主动服务当前经济社会发展要求，推动职业教育体系和劳动就业体系互动发展，打通和拓宽技术技能人才培养和成长通道，推进现代职业教育体系建设的战略选择；是深化产教融合、校企合作，推进工学结合、知行合一的有效途径；是全面实施素质教育，把提高职业技能和培养职业精神高度融合，培养学生社会责任感、创新精神、实践能力的重要举措。各地要高度重视现代学徒制试点工作，加大支持力度，大胆探索实践，着力构建现代学徒制培养体系，全面提升技术技能人才的培养能力和水平。

二、明确试点工作的总要求

1. 指导思想

以邓小平理论、“三个代表”重要思想、科学发展观为指导，坚持服务发展、就业导向，以推进产教融合、适应需求、提高质量为目标，以创新招生制度、管理制度和人才培养模式为突破口，以形成校企分工合作、协同育人、共同发展的长效机制为着力点，以注重整体谋划、增强政策协调、鼓励基层首创为手段，通过试点、总结、完善、推广，形成具有中国特色的现代学徒制度。

2. 工作原则

——坚持政府统筹，协调推进。要充分发挥政府统筹协调作用，根据地方经济社会发展需求系统规划现代学徒制试点工作。把立德树人、促进人的全面发展作为试点工作的根本任务，统筹利用好政府、行业、企业、学校、科研机构等方面的资源，协调好教育、人社、财政、发改等相关部门的关系，形成合力，共同研究解决试点工作中遇到的困难和问题。

——坚持合作共赢，职责共担。要坚持校企双主体育人、学校教师和企业师傅双导师教学，明确学徒的企业员工和职业院校学生双重身份，签好学生与企业、学校与企业两个合同，形成学校和企业联合招生、联合培养、一体化育人的长效机制，切实提高生产、服务一线劳动者的综合素质和人才培养的针对性，解决好合作企业招工难问题。

——坚持因地制宜，分类指导。要根据不同地区行业、企业特点和人才培养要求，在招生与招工、学习与工作、教学与实践、学历证书与职业资格证书获取、资源建设与共享等方面因地制宜，积极探索切合实际的实现形式，形成特色。

——坚持系统设计，重点突破。要明确试点工作的目标和重点，系统设计人才培养方案、教学管理、考试评价、学生教育管理、招生与招工，以及师资配备、保障措施等工作。以服务发展为宗旨，以促进就业为导向，深化体制机制改革，统筹发挥好政府和市场的作用，力争在关键环节和重点领域取得突破。

三、把握试点工作内涵

1. 积极推进招生与招工一体化

招生与招工一体化是开展现代学徒制试点工作的基础。各地要积极开展“招生即招工、入校即入厂、校企联合培养”的现代学徒制试点，加强对中等和高等职业教育招生工作的统筹协调，扩大试点院校的招生自主权，推动试点院校根据合作企业需求，与合作企业共同研制招生与招工方案，扩大招生范围，改革考核方式、内容和录取办法，并将试点院校的相关招生计划纳入学校年度招生计划进行统一管理。

2. 深化工学结合人才培养模式改革

工学结合人才培养模式改革是现代学徒制试点的核心内容。各地要选择适合开展现代学徒制培养的专业，引导职业院校与合作企业根据技术技能人才成长规律和工作岗位的实际需要，共同研制人才培养方案、开发课程和教材、设计实施教学、组织考核评价、开展教学研究等。校企应签订合作协议，职业院校承担系统的专业知识学习和技能训练；企业通过师傅带徒形式，依据培养方案进行岗位技能训练，真正实现校企一体化育人。

3. 加强专兼结合师资队伍建设

校企共建师资队伍是现代学徒制试点工作的重要任务。现代学徒制的教学任务必须由学校教师和企业师傅共同承担，形成双导师制。各地要促进校企双方密切合作，打破现有教师编制和用工制度的束缚，探索建立教师流动编制或设立兼职教师岗位，加大学校与企业之间人员互聘共用、双向挂职锻炼、横向联合技术研发和专业建设的力度。合作企业要选拔优秀高技能人才担任师傅，明确师傅的责任和待遇，师傅承担的教学任务应纳入考核，并可享受带徒津贴。试点院校要将指导教师的企业实践和技术服务纳入教师考核并作为晋升专业技术职务的重要依据。

4. 形成与现代学徒制相适应的教学管理与运行机制

科学合理的教学管理与运行机制是现代学徒制试点工作的重要保障。各地要切实推动试点院校与合作企业根据现代学徒制的特点，共同建立教学运行与质量监控体系，共同加强过程管理。指导合作企业制定专门的学徒管理办法，保证学徒基本权益；根据教学需要，合理安排学徒岗位，分配工作任务。试点院校要根据学徒培养工学交替的特点，实行弹性学制或学分制，创新和完善教学管理与运行机制，探索全日制学历教育的多种实现形式。试点院校和合作企业共同实施考核评价，将学徒岗位工作任务完成情况纳入考核范围。

四、稳步推进试点工作

1. 逐步增加试点规模

将根据各地产业发展情况、办学条件、保障措施和试点意愿等，选择一批有条件、基础好的地市、行业、骨干企业和职业院校作为教育部首批试点单位。在总结试点经验的基础上，逐步扩大实施现代学徒制的范围和规模，使现代学徒制成为校企合作培养技术技能人才的重要途径。逐步建立起政府引导、行业参与、社会支持，企业和职业院校双主体育人的中国特色现代学徒制。

2. 逐步丰富培养形式

现代学徒制试点应根据不同生源特点和专业特色，因材施教，探索不同的培养形式。试点初期，各地应引导中等职业学校根据企业需求，充分利用国家注册入学政策，针对不同生源，分别制定培养方案，开展中职层次现代学徒制试点。引导高等职业院校利用自主招生、单独招生等政策，针对应届高中毕业生、中职毕业生和同等学力企业职工等不同生源特点，分类开展专科学历层次不同形式的现代学徒制试点。

3. 逐步扩大试点范围

现代学徒制包括学历教育和非学历教育。各地应结合自身实际，可以从非学历教育入手，也可以从学历教育入手，探索现代学徒制人才培养规律，积累经验后逐步扩大。鼓励试点院校采用现代学徒制形式与合作企业联合开展企业员工岗前培训和转岗培训。

五、完善工作保障机制

1. 合理规划区域试点工作

各地教育行政部门要根据本意见精神，结合地方实际，会同人社、财政、发改等部门，制定本地区现代学徒制试点实施办法，确定开展现代学徒制试点的行业企业和职业院校，明确试点规模、试点层次和实施步骤。

2. 加强试点工作组织保障

各地要加强对试点工作的领导，落实责任制，建立跨部门的试点工作领导小组，定期会商和解决有关试点工作重大问题。要有专人负责，及时协调有关部门支持试点工作。引导和鼓励行业、企业与试点院校通过组建职教集团等形式，整合资源，为现代学徒制试点搭建平台。

3. 加大试点工作政策支持

各地教育行政部门要推动政府出台扶持政策，加大投入力度，通过财政资助、政府购买等奖励措施，引导企业和职业院校积极开展现代学徒制试点。并按照国家有关规定，保障学生权益，保证合理报酬，落实学徒的责任保险、工伤保险，确保学生安全。大力推进“双证融通”，对经过考核达到要求的毕业生，发放相应的学历证书和职业资格证书。

4. 加强试点工作监督检查

加强对试点工作的监控，建立试点工作年报年检制度。各试点单位应及时总结试点工作经验，扩大宣传，年报年检内容作为下一年度单招核准和布点的依据。对于试点工作不力或造成不良影响的，将暂停试点资格。

附录二 现代学徒制试点工作实施方案

为贯彻落实全国职业教育工作会议精神和《国务院关于加快发展现代职业教育的决定》，切实做好现代学徒制试点工作，根据《教育部关于开展现代学徒制试点工作的意见》（教职成〔2014〕9号）有关要求，特制定本方案。

一、试点目标

探索建立校企联合招生、联合培养、一体化育人的长效机制，完善学徒培养的教学文件、管理制度及相关标准，推进专兼结合、校企互聘互用的"双师型"师资队伍建设，建立健全现代学徒制的支持政策，逐步建立起政府引导、行业参与、社会支持，企业和职业院校双主体育人的中国特色现代学徒制。

二、试点内容

（一）探索校企协同育人机制。完善学徒培养管理机制，明确校企双方职责、分工，推进校企紧密合作、协同育人。完善校企联合招生、分段育人、多方参与评价的双主体育人机制。探索人才培养成本分担机制，统筹利用好校内实训场所、公共实训中心和企业实习岗位等教学资源，形成企业与职业院校联合开展现代学徒制的长效机制。

（二）推进招生招工一体化。完善职业院校招生录取和企业用工一体化的招生招工制度，推进校企共同研制、实施招生招工方案。根据不同生源特点，实行多种招生考试办法，为接受不同层次职业教育的学徒提供机会。规范职业院校招生录取和企业用工程序，明确学徒的企业员工和职业院校学生双重身份，按照双向选择原则，学徒、学校和企业签订三方协议，对于年满16周岁未达到18周岁的学徒，须由学徒、监护人、学校和企业四方签订协议，明确各方权益及学徒在岗培养的具体岗位、教学内容、权益保障等。

（三）完善人才培养制度和标准。按照"合作共赢、职责共担"原则，校企共同设计人才培养方案，共同制订专业教学标准、课程标准、岗位标准、企业师傅标准、质量监控标准及相应实施方案。校企共同建设基于工作内容的专业课程和基于典型工作过程的专业课程体系，开发基于岗位工作内容、融入国家职业资格标准的专业教学内容和教材。

（四）建设校企互聘共用的师资队伍。完善双导师制，建立健全双导师的选拔、培养、考核、激励制度，形成校企互聘共用的管理机制。明确双导师职责和待遇，合作企业要选拔优秀高技能人才担任师傅，明确师傅的责任和待遇，师傅承担的教学任务应纳入考核，并可享受相应带徒津贴。试点院校要将指导教师的企业实践和技术服务纳入教师考核并作为晋升专业技术职务的重要依据。建立灵活的人才流动机制，校企双方共同制订双向挂职锻炼、横向联合技术研发、专业建设的激励制度和考核奖惩制度。

（五）建立体现现代学徒制特点的管理制度。建立健全与现代学徒制相适应的教学管理制度，制订学分制管理办法和弹性学制管理办法。创新考核评价与督查制度，制订以育人为目标的实习实训考核评价标准，建立多方参与的考核评价机制。建立定期检查、反馈等形式的教学质量监控机制。制订学徒管理办法，保障学徒权益，根据教学需要，科学安排学徒岗位、分配工作任务，保证学徒合理报酬。落实学徒的责任保险、工伤保险，确保人身安全。

三、试点单位

现代学徒制试点采取自愿申报原则。申报试点的单位应是有一定工作基础、愿意先行先试的地级市、行业、企业及职业院校。

（一）以地级市为申报单位进行试点。地级市作为试点单位，统筹辖区内职业院校和企业，立足辖区内职业教育资源和企业资源，合理确定试点专业和学生规模，开展现代学徒制试点工作，重点探索地方实施现代学徒制的支持政策和保障措施。

（二）以行业系统为申报单位进行试点。行业作为试点单位，统筹行业内职业院校和企业，选择行业职业教育重点专业，开展现代学徒制试点工作，重点任务是开发现代学徒制的各类标准。

（三）以职业院校为申报单位进行试点。职业院校作为试点单位，选择学校主干专业作为试点专业，联合有条件、有意愿的企业，共同开展现代学徒制试点，重点探索开展现代学徒制的人才培养模式和管理制度。

（四）以企业为申报单位进行试点。具有多年校企一体化育人经验的大型企业作为试点单位，联合职业院校，共同开展现代学徒制试点，重点探索企业参与现代学徒制的有效途径、运作方式和支持政策。

四、工作安排

现代学徒制试点单位按照自愿申报、专家评审、统一部署等程序确定，试点工作在省级教育行政部门的统筹协调下开展。

（一）项目申报。各申报单位须填写项目申报书，申报材料要求一式 2 份（附电子版光盘），并于 2015 年 1 月 30 日前报我司。地级市、职业院校和企业的申报材料由所在省、自治区、直辖市教育厅（教委）统一组织报送（企业申报材料由合作院校所在省、自治区、直辖市教育部门报送），行业申报材料可单独直接报送。

（二）评审遴选。我部将组织专家对申报方案进行评审、遴选，优先选择目标明确、方案完善、支持力度大、示范性强的申报单位，作为教育部现代学徒制首批试点单位。

（三）组织实施。经我部批准的试点单位，按照试点工作方案，制订详细的试点工作任务书，以专业学制为一个试点周期，开展各项试点工作。教育行政部门应做好对试点工作的统筹协调，确保试点工作的顺利开展。

（四）总结推广。试点期间，我部将组织专家对试点工作进行监督检查，并建立年度报告和周期总结相结合的评价方式。试点结束后，试点单位要做好试点总结。在总结各地经验基础上，我部将逐步扩大实施现代学徒制的范围和规模，使现代学徒制成为校企合作培养技术技能人才的重要途径。

五、保障措施

各地要加强对试点工作的组织领导，健全工作机制，完善政策措施，加强指导服务。

（一）加强组织领导。各地要加强对试点工作的领导，落实责任制，建立跨部门的试点工作领导小组，定期会商和解决有关试点工作重大问题。要有专人负责，及时协调有关部门支持试点工作。要制订试点工作的扶持政策，加强对招生工作的统筹协调，扩大试点院校的招生自主权；加大投入力度，通过财政资助、政府购买等措施，引导企业和职业院校积极开展现代学徒制试点。

（二）科学制订试点方案。各试点单位要深入调研、科学论证，发挥现代学徒制多元主体作用，把试点工作细化、具体化，形成具有可操作性的试点项目实施方案。实施方案要针对学徒制实施过程中的实际问题，着力创新体制机制，明确试点目标、试点措施、进度安排、配套政策、保障条件、责任主体、风险分析和应对措施、预期成果及推广价值等内容。

（三）加强科学研究工作。各试点单位要坚持边试点边研究，及时总结提炼，把试点工作中的好做法和好经验上升成为理论，形成推动现代学徒制发展的政策措施，促进理论与实践同步发展。积极开展国际比较研究，系统总结相关国家（地区）开展学徒制的经验，完善中国特色的现代学徒制运行机制、办学模式、管理体制和条件保障等。

参 考 文 献

[1]钱廷仙. 契约关系完善与现代学徒制推进[J]. 江苏经贸职业技术学院学报，2019（1）：65-68.

[2]周小薇.现代学徒制中“招生即招工”契约的困境与出路[J].重庆广播电视大学学报，2017（2）：25-29.

[3]芈隽. 现代学徒制人才培养模式下招生招工一体化实施路径分析[J]. 无线互联科技，2019，16（16）：157-158.

[4]何超.现代学徒制背景下高职院校的校企合作招生模式探索[J].佳木斯职业学院学报，2020，36（2）：270-271.

[5]张法坤. 现代学徒制模式下校企联合招生招工机制研究[J]. 无锡商业职业技术学院学报，2016，16（5）：77-79.

[6]蒋慧杰，杨中保，王元鸷，董紫君. 现代学徒制模式下工匠型人才培养方案研究[J].太原城市职业技术学院学报，2019（4）：1-5.

[7]杨振宇. “现代学徒制”专业人才培养方案制订探讨[J]. 清远职业技术学院学报，2016，9（5）：44-47.

[8]郇青，李亚楠. 现代学徒制的课程体系建设实践[J]. 济南职业学院学报，2018，（3）：36-38.

[9]马永良，何树贵，吴建设. 解码现代学徒制之企业课程[J]. 职教论坛，2016（32）：77-80.

[10]吴玉锋. 现代学徒制教学组织与管理的实践以广西职业技术学院为例[J]. 广西教育，2019（7）：114-116.

[11]吴新杰，吴劲松. 现代学徒制课程体系构建思考[J]. 北京经济管理职业学院学报，2020，35（1）：48-49，54.

[12]莫品疆，杨静，何壮彬. 现代学徒制实训基地构建探索[J]. 新课程研究（下旬刊），2019（1）：120-121，154.

[13]张法坤. 商科高职现代学徒制实训基地建设探索[J]. 西部素质教育，2019，5（5）：4-6.

[14]茆仁忠．基于现代学徒制的中职生考核评价体系构建[J]．江苏教育，2018（84）：53-55．

[15]王阮芳．现代学徒制学生考核评价机制研究[J]．文教资料，2017（19）：135-137．

[16]王阮芳，李剑．基于现代学徒制的学生考核评价体系构建[J]．文教资料，2017（23）：127-128．

[17]袁从贵，郭轩．现代学徒制“双导师”团队建设研究[J]．佳木斯职业学院学报，2018（10）：11-12．

[18]张建平，曾小玲．现代学徒制“双导师”队伍建设探索[J]．产业与科技论坛，2020，19（12）：285-286．

[19]陈淑玲，刘琳琳，华滨．高职院校现代学徒制“双导师”师资能力提升的思考[J]．产业与科技论坛，2020，19（10）：278-279．

[20]翟志永．高职现代学徒制“双导师”师资队伍构建探讨[J]．现代职业教育，2021（19）：216-217．

[21]史金芳，李胜华．浅谈现代学徒制学生管理[J]．课程教育研究（学法教法研究），2018（32）：89．

[22]马晓峰．现代学徒制下高职学生管理模式浅探[J]．河北能源职业技术学院学报，2014，14（1）：10-12．

[23]顾心怡，杨志强．基于现代学徒制的“双导师”师资队伍建设研究[J]．职教通讯，2017（28）：64-67．

[24]李天航．现代学徒制中学生管理的新思考[J]．河南科技学院学报，2018，38（12）：37-40．

[25]汤雪峰．基于现代学徒制下专业课教材内容研究与设计[J]．科技视界，2018（32）：94，70．

[26]罗伟强，帖俊生．现代学徒制课程信息化教学资源建设研究[J]．科教文汇（中旬刊），2019（8）：129-131．

[27]董宾芳．基于现代学徒制的高职课程资源开发利用[J]．武汉职业技术学院学报，2017，16（2）：58-61．

[28]缪桂根，罗杏玲．基于现代学徒制的专业教学资源库建设研究初探[J]．现代经济信息，2019（1）：416-417．

[29]孟子媛．关于现代学徒制双导师建设的必要性及聘任标准建议[J]．科技风，2020（16）：267-268．

[30]陆元三．依托现代学徒制的考核评价机制[J]．文教资料，2018（21）：131-132．

[31]童阜广．信息时代实训体系构建的思考[J]．化工管理，2016（32）：27，29．

[32]郭雪松，李胜祺．德国现代学徒制的制度建构与当代启示[J]．中国职业技术教育，2019（3）：30-36.

[33]黄洁琦．基于现代学徒制的校企权责关系研究：以广州番禺职业技术学院百果园学院为例[J]．高等职业教育探索，2017，16（4）：30-35.

[34]韩肃．浅谈现代学徒制合作企业的选择问题[J]．哈尔滨职业技术学院学报，2017（4）：8-10.

[35]王振洪，成军．现代学徒制：高技能人才培养新范式[J]．中国高教研究，2012（8）：93-96.

[36]郭海涛．现代学徒制的专业适用性研究[J]．中国职业技术教育，2016（31）：106-109.

[37]广东省教育厅，广东省教育研究院．广东特色现代学徒制理论与实践探索[M]．广州：广东高等教育出版社，2017.

[38]谭福河，阚雅玲，门洪亮．现代学徒制框架下零售店长培养模式研究与实践[M]．广州：广东高等教育出版社，2016.

[39]杨小燕．现代学徒制：理论与实证[M]．成都：西南交通大学出版社，2019.

[40]谭福河，阚雅玲，门洪亮，等．现代学徒制项目实施方法[M]．广州：广东高等教育出版社，2019.

[41]凌利，黄浩伶．基于现代学徒制市场营销专业实践教学体系构建[M]．北京：中国纺织出版社有限公司，2021.